高等职业教育"十四五"系列教材

高等职业教育土建类"互联网＋"活页式创新教材

新编建筑装饰材料

翁素馨　何　谊　主　编
蒙良柱　钟吉华　副主编

中国建筑工业出版社

图书在版编目（CIP）数据

新编建筑装饰材料 / 翁素馨，何谊主编；蒙良柱，
钟吉华副主编 . 一北京：中国建筑工业出版社，2022.9（2025.2重印）
高等职业教育"十四五"系列教材　高等职业教育土
建类"互联网＋"活页式创新教材
ISBN 978-7-112-26972-3

Ⅰ.①新… Ⅱ.①翁… ②何… ③蒙… ④钟… Ⅲ.
①建筑材料—装饰材料—高等职业教育—教材　Ⅳ.
①TU56

中国版本图书馆CIP数据核字（2021）第269119号

本书共分为10个项目，包括建筑装饰材料概述、装饰石材、木材、瓷砖、玻璃、厨卫浴家具材料、膜材、涂料、金属构配件、文史饰材。

本书可作为大专院校建筑装饰专业、室内设计等相关专业的教材，也可作为建筑装饰工程技术人员的培训用书，还是装饰装修的设计、施工人员的有效参考书。

为了便于本课程教学，作者自制免费课件资源，索取方式为：
1. 邮箱：jckj@cabp.com.cn；2. 电话：（010）58337285；3. 建工书院：http://edu.cabplink.com；4. QQ交流 472187676。

责任编辑：司　汉
责任校对：赵　菲

高等职业教育"十四五"系列教材
高等职业教育土建类"互联网＋"活页式创新教材

新编建筑装饰材料
翁素馨　何　谊　主　编
蒙良柱　钟吉华　副主编

＊

中国建筑工业出版社出版、发行（北京海淀三里河路9号）
各地新华书店、建筑书店经销
霸州市顺浩图文科技发展有限公司制版
北京市密东印刷有限公司印刷

＊

开本：787毫米×1092毫米　1/16　印张：14$\frac{1}{2}$　字数：322千字
2023年8月第一版　2025年2月第三次印刷
定价：**58.00**元（赠教师课件）
ISBN 978-7-112-26972-3
　　　（38778）

序言

"培养新时代德技并修的高素质技术技能人才"（摘自《教育部关于学习宣传贯彻习近平总书记重要指示和全国职业教育大会精神的通知》）是当前国家对职业教育人才培养的根本要求。从我国当前的高等职业教育发展和建设的基本任务和目标要求出发，本系列教材围绕产业和经济社会发展，深化"岗课赛证融通"技术技能人才培养体系，建设出版一套新时期基于"岗课赛证"融通的（装配式建筑工程技术专业类）高职新形态教材，使高职院校土建类相关专业能更好地推进"三教改革"，提高教学质量和人才培养质量。

本系列教材由国家"双高计划"高水平专业群教学团队、国家级职业教育教师教学创新团队及企业共同建设。由国家"双高计划"建筑室内设计高水平专业群教学团队、国家级职业教育教师教学创新团队牵头，联合浙江建设职业技术学院、黄冈职业技术学院、威海职业学院等院校的国家级职业教育教师教学创新团队，与企业深入合作和探讨，研究基于"岗课赛证"融通的模块化课程开发、模块化教材编写，探索实施适用于装配式建筑工程技术专业（群）的高职新形态教材的建设方法与途径，实践应用效果良好。

本系列教材的出版，希望能为新时期高职教育土木建筑大类相关专业的"三教改革"提供示范案例，为我国当前正在开展的"岗课赛证融通"综合育人研究提供一些研究与实践借鉴。

二级教授

国家级高等学校教学名师

国家"万人计划"教学名师

享受国务院政府特殊津贴专家

前言

随着国民经济的飞速发展和人民生活水平的不断提高，建筑装饰作为一个新兴的行业也得到迅猛发展，各种新材料、新工艺和新的设计理念应运而生。然而，目前我国从事建筑装饰行业的专业人员的整体素质远远不能满足行业的发展和整个社会的需要，因此，培养高素质的建筑装饰高级人才、提高建筑装饰工程的质量迫在眉睫。

建筑装饰材料是装饰工程建设顺利进行的物质基础，合理选择和正确使用装饰材料，是保证建筑装饰工程质量、降低装饰工程造价的重要环节。为此，从事建筑装饰工程设计、施工、管理及从事装饰材料生产的专业技术人员必须掌握和了解建筑装饰材料的有关知识。

本教材是根据高等职业教育的培养目标和教学要求编写的活页式教材，不仅包含理论知识，融入了数字资源，而且建立项目 - 任务教材模型，注重理论与实践相结合，重点培养学生的实际动手能力，以"应用为主，够用为度"，还融入了课程思政案例，为学生在日后的实际工作打下坚实的基础。教材注意今后建筑装饰材料的发展方向，介绍最新的建材信息，让学生了解今后建筑装饰行业的发展前景的同时，提升了个人的核心素养。本书内容涵盖面宽，信息量大，并采用国家颁布的最新规范和标准，力求反映当前最先进的材料应用技术和知识。

全书由南宁职业技术学院翁素馨、何谊担任主编；蒙良柱、钟吉华担任副主编；南宁职业技术学院黄春波主审；华蓝设计（集团）有限公司仲勇，广西水利电力职业技术学院李文娟，广西建设职业技术学院徐东宁，广西艺术学院邹金篪，南宁职业技术学院黄晓明、邹雨峰、刘培培、周小琴、张光武、张龙、谢梅俏、朱小燕、宁致远、谢仕睿参与了本书的编写工作。

由于建筑装饰材料的发展很快，新材料、新品种不断涌现，再加上编者的水平有限，编写时间仓促，书中难免有疏漏、不妥，甚至是错误之处，恳请有关专家、学者和广大读者给予批评指正。

目录

项目 10 **文史饰材**

项目 1
建筑装饰
材料概述

任务 1.1　建筑装饰材料的基本内涵

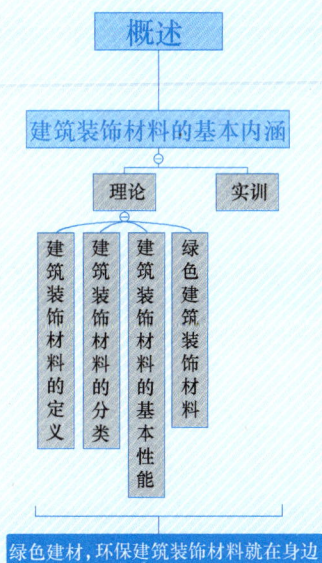

概述

建筑装饰材料的基本内涵

理论　　实训

建筑装饰材料的定义　建筑装饰材料的分类　建筑装饰材料的基本性能　绿色建筑装饰材料

绿色建材，环保建筑装饰材料就在身边

任务 1.1 建筑装饰材料的基本内涵

【课前导入】

　　1936 年 8 月，江苏美术馆在新文化运动中孕育，在文艺界、美术界前辈们的呼声中落地，是中国近现代第一座国家级美术馆。2010 年 8 月，江苏美术馆新馆建成，江苏美术馆的室内外装饰极具现代和艺术气息，设计的呈现离不开建筑装饰材料的应用，我们接下来就一起欣赏江苏美术馆项目案例，了解和学习建筑装饰材料的基本内涵。

1-1-1
江苏美术馆
项目案例

【学时安排】3 学时

【教学目标】

知识目标	1. 了解建筑装饰材料的定义； 2. 熟悉建筑装饰材料的分类； 3. 掌握建筑装饰材料的基本性能
能力目标	1. 识别建筑装饰材料的名称； 2. 判断建筑装饰材料的类别； 3. 综合比较不同建筑装饰材料的基本性能的差异性
素养目标	1. 培养学生的逻辑思维及分析思维； 2. 通过认知新型绿色环保建筑装饰材料，培养环保意识，培养开发及研究新型材料的思维
思政元素	厚植爱国主义情怀，增强民族自豪感

1.1.1 建筑装饰材料的定义

建筑装饰材料是指用于建筑物墙、柱、顶棚、地、台等表面的饰面材料。

1.1.2 建筑装饰材料的分类

1. 按照建筑装饰材料在建筑物中的使用部位：可分为墙面材料、顶棚屋面材料、地面材料等；

2. 按照建筑装饰材料的品质与价格：可分为高档材料、中档材料、低档材料；

3. 按照绿色环保角度：可分为节省能源与资源型材料、环保利废型材料、特殊环境型材料（如超高强、抗腐蚀、耐久等）、安全舒适型材料（如轻质高强、防火、防水、保温、隔热、隔声、调温、调光、无毒害等）、保健功能型材料（如消毒、灭菌、防臭、防霉、抗静电、防辐射、吸附有害物质等）等；

4. 按照化学成分组成：可分为金属材料、非金属材料、有机材料以及复合材料等。

1.1.3 建筑装饰材料的基本性能

建筑装饰材料的基本性能主要包括物理性质、力学性质、装饰性以及耐久性。物理性质主要包括密度、导热性、亲水性、隔音性等；力学性质主要是指建筑装饰材料在受力状态下仍旧保持初始状态的能力，主要体现在强度、硬度、脆性等指标；装饰性是建筑装饰材料特有的性能，主要包括颜色、光泽、透明性、花纹图案、形状、尺寸、质感等；耐久性是指建筑装饰材料经过长时间的使用过程仍旧保持初始状态的能力，主要包括耐腐蚀性、抗老化性、抗碳化性、耐热性、耐溶蚀性、耐磨性等指标。

1.1.4 绿色建筑装饰材料

绿色建筑装饰材料，又称生态建材、环保建材和健康建材，指安全型、环保型、安全型的建筑装饰材料，在国际上也称为"健康建筑装饰材料"或者"环保建筑装饰材料"，绿色建筑装饰材料不是指单独的建筑装饰材料，而是对建材"健康、环保、安全"的品性进行评价，注重建材对人体健康和环保产生的影响及安全防火性能，并且具有消磁、消声、调光、调温、隔热、防火、抗静电等性能。主要的绿色建筑装饰材料如下：

1. 装饰板材

（1）硅酸钙板

以硅质材料（石英粉、硅藻土等）、钙质材料（水泥、石灰等）和增强纤维（纸浆纤维、玻璃纤维、石棉等）为原料，经过制浆、成坯、蒸养、表面砂光等工序制成的轻质板材。如图 1-1-1 所示。

（2）玻璃纤维增强水泥板

采用抗碱玻璃纤维和低碱水泥制备，具有高强、抗裂、耐火、韧性好、保温、隔声等一系列优点，可以替代实心黏土砖，从而节约资源和能源，保护环境。如图 1-1-2 所示。

图 1-1-1　硅酸钙板

图 1-1-2　玻璃纤维增强水泥板

（3）纸面石膏板

以石膏芯材与其牢固结合在一起的护面纸组成，以耐火性、耐水性、耐用性等为代表的特种纸面石膏板，有效提高了其在耐火、耐水、耐冲击等建筑工程中的应用等级。如图 1-1-3 所示。

2. 绿色建筑装饰玻璃

玻璃是绿色环保建筑装饰材料的重要内容，绿色建筑装饰玻璃除了具有普通玻璃的功能外，还需要满足保温、隔热、隔声、安全等新的功能和要求。绿色建筑玻璃的主要类型有：夹层玻璃、中空玻璃、镀膜玻璃和钢化玻璃。如图 1-1-4 所示。

图 1-1-3　纸面石膏板

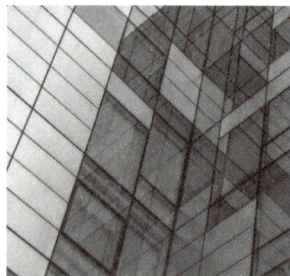

图 1-1-4　绿色建筑装饰玻璃

3. 绿色建筑装饰涂料

绿色建筑装饰涂料是指用在建筑室内外起装饰、保护、防水等作用的涂料。目前，绿色建筑装饰涂料有外墙保温隔热涂料，抗菌、抗污染及多功能复合型涂料，装饰美化型涂料和辐射固化涂料。如图 1-1-5 所示。

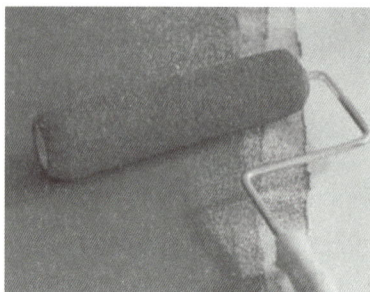

图 1-1-5　绿色建筑装饰涂料

总结：我们在选用建筑装饰材料时，要尽可能地选用绿色建筑装饰材料，节约资源、减少耗能，符合绿色环保的建筑设计理念。

📖 课程思政案例

案例名称	绿色建材，环保建筑装饰材料就在身边
案例意义	通过对设计案例的材料分析，加深学生对装饰材料的认识，逐步引导学生了解国内知名的建筑装饰材料，初步认识绿色环保建筑装饰材料
案例描述	把学生带入"建筑大国"的世界里，培养学生的爱国主义情怀；通过介绍享誉世界的"华人建筑师"及其作品，激发学生的民族自豪感
案例实施	扫码观看案例 1-1-3 苏州博物馆 案例赏析

📖 学生任务单

项目名称		建筑装饰材料概述	
学生姓名		班级学号	
课前任务			
自学阐述			
理论认知	重点内容		
	难点标注		
技能实训	基本信息	走进建筑装饰材料市场，初步感知建筑装饰材料知识	
	实训任务	初步感知装饰石材、装饰木材、瓷砖、玻璃、厨卫浴、膜材、涂料以及文史饰材等材料知识	
	准备工作	确定建筑装饰材料市场的装饰石材、装饰木材、瓷砖、玻璃、厨卫浴、膜材、涂料以及文史饰材的销售地点	
	实训要求	1. 以小组为单位开展工作； 2. 在建筑装饰材料市场保持安静、禁止喧哗，不得影响卖场的正常运营； 3. 做好拍照、摄像、笔记等实训记录工作	
课后反思	不足之处		
	思政领悟		
	教师评价		
	导师评价		

注：评分标准及评分表详见附录。

项目 2
装饰石材

任务 2.1　材料认知
任务 2.2　技术性能
任务 2.3　选用原则
任务 2.4　搭配技巧
任务 2.5　新材料构造的典型应用

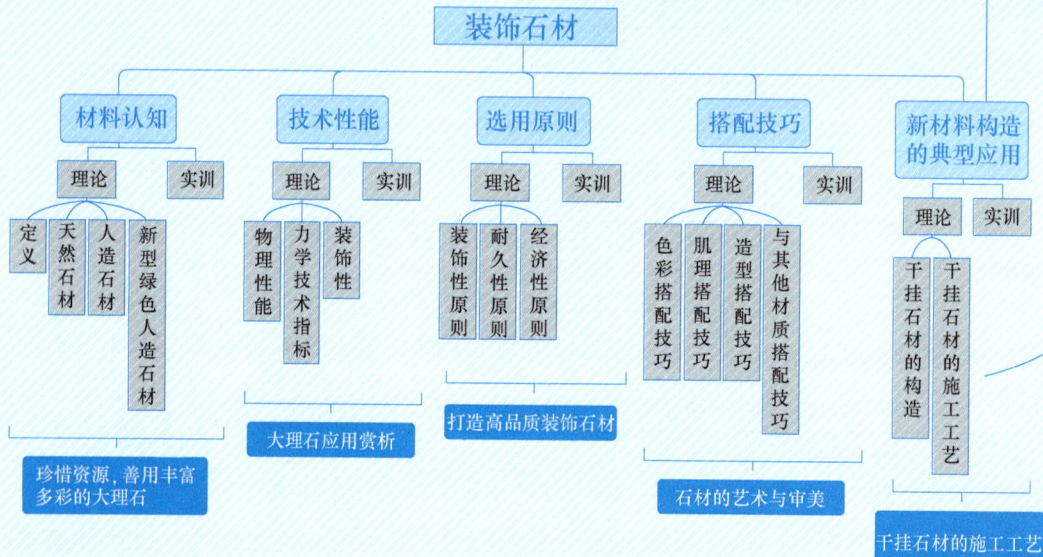

装饰石材

材料认知　　技术性能　　选用原则　　搭配技巧　　新材料构造的典型应用

材料认知
理论　实训
定义　天然石材　人造石材　新型绿色人造石材
珍惜资源，善用丰富多彩的大理石

技术性能
理论　实训
物理性能　力学技术指标　装饰性
大理石应用赏析

选用原则
理论　实训
装饰性原则　耐久性原则　经济性原则
打造高品质装饰石材

搭配技巧
理论　实训
色彩搭配技巧　肌理搭配技巧　造型搭配技巧　与其他材质搭配技巧
石材的艺术与审美

新材料构造的典型应用
理论　实训
干挂石材的构造　干挂石材的施工工艺
干挂石材的施工工艺

任务 2.1　材料认知

📋【课前导入】

广州图书馆新馆以"美丽书籍"为设计理念,依托城市新中轴线景观,采取东西走向、南北塔楼、独特的"之"字优雅字体造型,突出层叠的建筑肌理,寓意书籍的重叠和历史文化的沉积,同时融入骑楼等文化元素,体现了岭南建筑艺术特色。广州图书馆新馆广泛应用了装饰石材,接下来我们就通过欣赏广州图书馆新馆项目案例,一起来认知和了解一下装饰石材。

2-1-1
广州图书馆
新馆项目案例

📋【建议学时】1 学时

▦【教学目标】

知识目标	1. 了解装饰石材的定义; 2. 熟悉天然石材的特性以及常见品种; 3. 熟悉人造石材的特性以及常见品种; 4. 掌握新型绿色环保人造装饰石材的特性及品种
能力目标	1. 概括定义装饰石材的基本条件; 2. 能够通过"看物"判断天然石材的品种以及特性; 3. 能够通过"看物"判断人造石材的品种以及特性; 4. 能够通过"看物"判断新型绿色环保人造装饰石材的特性及品种
素养目标	1. 通过区分天然石材与人造石材,培养逻辑思维; 2. 通过了解装饰石材的生产与加工过程,培养绿色环保意识; 3. 通过了解新型的装饰石材,培养创新思维
思政元素	树立节能环保观念,增强民族自豪感

2.1.1　装饰石材的定义

装饰石材即建筑装饰石材，是指具有可锯切、抛光等加工性能，在建筑物上作为饰面材料的石材，包括天然石材和人造石材两大类。装饰石材与建筑石材的区别在于增加了装饰性。装饰石材必须符合3个基本条件：

1. 有外在美学装饰性

由于各个民族、地域、习惯、喜好不同，使用的装饰石材色彩种类也不同，这是从视觉即人的欣赏品位、历史文化角度认识的。石材的外在美观是选择装饰石材的首选因素。

2. 有储量规模，可工业化开采

装饰石材的规模储量是该品种能否适合工业化开采的前提条件，没有规模储量则无法进行工业化开采，导致市场的持久性差，经济成本高，达不到品牌效应。

3. 有物理、化学性能符合建筑与装修装饰的要求

装饰石材的物理、化学性能应该符合建筑与装修装饰的一般技术参数，具体可参照《建筑装饰装修工程质量验收标准》GB 50210—2018 规定要求。

2.1.2　天然石材的品种及其特性

大理石、花岗石、板石是天然石材中最主要的三个种类，它们囊括了天然装饰石材99% 以上的品种，三种天然石材的特性见下文：

1. 天然大理石

（1）定义

天然大理石是地壳中原有的岩石经过地壳内高温、高压作用形成的变质岩。属于中硬石材。

（2）特性

由于大理石一般都含有杂质，而且其中所含的碳酸钙在大气中受二氧化碳、碳化物、水汽的作用，也容易风化和溶蚀，从而使其表面很快失去光泽。所以只有少数质纯、杂质少、稳定耐久的品种可用于室外（如汉白玉、艾叶青等），其他品种不宜用于室外。

（3）用途

一般只用于室内装饰面。

（4）品种

主要品种有：云灰大理石、彩花大理石等。如图 2-1-1 和图 2-1-2 所示。

2. 天然花岗石

（1）定义

天然花岗石是一种由火山爆发的熔岩在受到相当压力的熔融状态下，隆起至地壳表层，但岩浆不喷出地面，而是在地底下慢慢冷却凝固后形成的构造岩，属于岩浆岩（火成岩）。

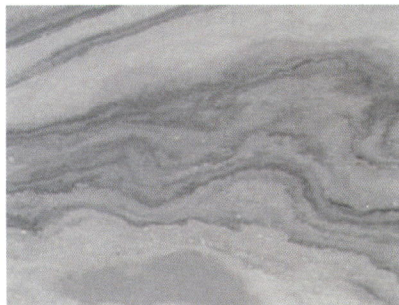

图 2-1-1　云灰大理石

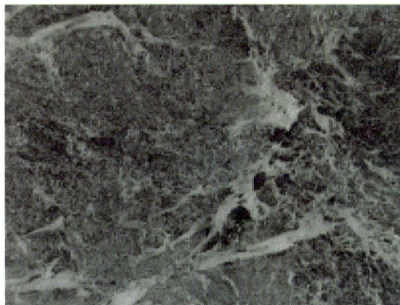

图 2-1-2　彩花大理石

（2）特性

花岗石的二氧化硅含量较高，属于酸性岩石。花岗石含有微量放射性元素、结构致密、质地坚硬、耐酸碱、耐气候性好。花岗石为全结晶结构的岩石，优质花岗石晶粒细而均匀、构造紧密、石英含量多、长石光泽明亮。

（3）用途

可以在室外长期使用。

（4）品种

花岗石由于成分复杂、形成条件多样，因此种类繁多，按所含矿物种类可分为黑色花岗石、白云母花岗石、角闪花岗石、二云母花岗石等。如图 2-1-3 和图 2-1-4 所示。

图 2-1-3　黑色花岗石

图 2-1-4　白云母花岗石

3. 天然板石

（1）定义

板石也称为板岩，是一种可上溯到 5.5 亿年前的沉积源变质岩。

（2）特性

优质的板石一般均被加工为屋面瓦板，俗称石板瓦，具备以下性能：

天然板石的物理特性主要表现为：劈分性能好、平整度好、色差小、黑度高（其他颜色同理）、弯曲强度高等。化学特性主要表现为：含钙铁硫量低、烧失量低、耐酸碱性能好、吸水率低、耐火性好等。

（3）用途

天然板石是天然饰面石材的重要成员，具有古香古色、朴实雅典、易加工、造价低廉等特点。它既可以跻身于繁华闹市，又可以装点于楼堂馆所，无论在烈日酷寒，还是在室内室外，均可随遇而安，适应多种环境。

（4）品种

天然板石按颜色分为六个种类：黑板石、灰板石、青板石、绿板石、黄板石、红板石。

2.1.3 人造石材的品种及其特性

1. 人造大理石

（1）定义

人造大理石是用天然大理石或花岗石的碎石为填充料，用水泥、石膏和不饱和聚酯树脂为胶粘剂，经搅拌成型、研磨和抛光后制成。如图 2-1-5 所示。

（2）特性

人造大理石由于可人工调节，因此花色繁多、柔韧度较好、衔接处理不明显、整体感非常强，而且绚丽多彩，具有陶瓷的光泽，外表硬度高、不易损伤、耐腐蚀、耐高温，易清洁。

（3）用途

人造大理石用于对实用要求较高的场所（如橱柜）。

（4）品种

目前市场上常见的人造大理石通常有四种：水泥型人造大理石、聚酯型人造大理石、复合型人造大理石、烧结型人造大理石。

2. 水磨石

（1）定义

水磨石是将碎石、玻璃、石英石等骨料拌入水泥粘接料制成混凝制品后，经表面研磨、抛光制成。如图 2-1-6 所示。

图 2-1-5　人造大理石

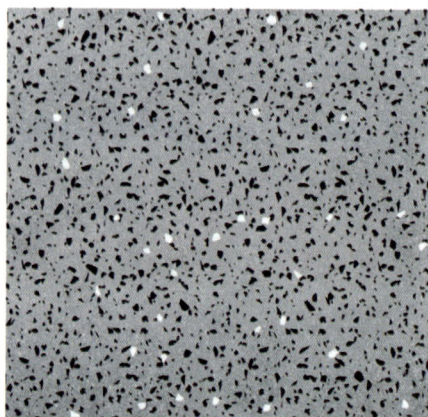

图 2-1-6　水磨石

（2）特性

水磨石具有防尘防滑、耐磨的特性，可以随意拼接花色，自定义配置颜色。

（3）用途

水磨石是一种中高档的地面装修材料。

（4）品种

以水泥粘接料制成的水磨石叫无机磨石；以环氧粘接料制成的水磨石叫环氧磨石或有机磨石。水磨石按施工制作工艺又分为现场浇筑水磨石和预制板材水磨石。

2.1.4 新型绿色人造石材的品种及特性

1. 亚克力人造石

（1）定义

亚克力人造石是一种新型的复合材料，是用不饱和聚酯树脂与填料、颜料混合，加入少量引发剂，经一定的加工程序制成。如图 2-1-7 所示。

（2）特性

亚克力人造石板氧指数达 41%，其阻燃性、耐化学腐蚀、耐污染性均优于普通人造石台面，是厨房台面理想的选择。亚克力人造石加工方便且加工过程不易产生灰尘，可作异形结构加工，特别是弯曲加工，性能远优于普通板。可进行砂磨、抛光操作；复合亚克力表面光泽度更好，光泽能保持更长久。

（3）用途

亚克力人造石可用于橱柜台面、卫生间台面、窗台、餐台、商业台、接待柜台、写字台、电脑台、酒吧台等。

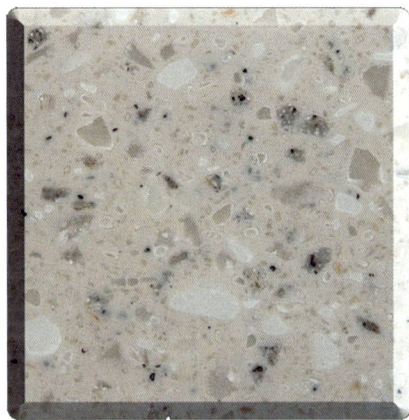

图 2-1-7 亚克力人造石

人造石耐酸碱性优异，易清洁打理，无缝隙，细菌无处藏身，因而被广泛应用于医院台面和实验室台面等对无菌环境有一定要求的重要场合。

2. 合成石

（1）定义

合成石是一种绿色环保石材，由 95% 以上的天然石粉加上少量聚酯及胶粘剂，在真空下混合、加压，振动成型而成。

（2）特性

根据合成石的生产工艺，合成石主要有以下特点：

1）无色差：合成石是将天然大理石粉碎，并加工而形成，可以很好地控制色差，好处是方便大面积地铺设，整体风格上保持一致。

2）环保：合成石在选择天然石粉时，可以避开天然大理石中的放射性物质，从而达到无辐射的环保标准。

3）接近天然石的纹路：合成石可以做到非常接近天然的纹理、色感。在某些颜色上，合成石大面积铺设的效果完全可以和天然石媲美。

4）卓越的性能：良好的吸水率，结构比天然石更紧密；无细裂纹、抗污垢、易清洗。

（3）用途

主要使用在建筑装饰的墙面、地面、台面、楼梯踏步上。

合成石的主要使用空间如下：

1）机场：如机场的地面、部分墙面、走廊、卫生间的台面等。

2）大厦、写字楼的公用部分：如大厅、走廊、卫生间的地面、墙面等。

3）广场、商场：这些地方可以大面积使用，如墙面、地面、卫生间、电梯等。

4）别墅：以台面为主，在卫生间、楼梯踏步也能常见到。

5）其他地方：如公用建筑：博物馆、展览中心、医院、学校等。

（4）品种

根据原材料可以将合成石分为合成大理石、合成石英石两种。如图 2-1-8 所示。

图 2-1-8　合成石

📘 课程思政案例

案例名称	珍惜资源，善用丰富多彩的大理石
案例意义	我国地大物博，大理石是我国拥有的丰富自然资源之一，通过对装饰材料的认识，引导学生了解国内知名的建筑装饰材料的组成
案例描述	通过了解各种各样、丰富多彩的大理石，认识大理石的特点
案例实施	扫码观看案例 2-1-3 丰富多彩的大理石

📖 学生任务单

项目名称	装饰石材的材料认知		
学生姓名		班级学号	
课前任务			
自学阐述			
理论认知	重点内容		
	难点标注		
技能实训	基本信息	"装饰石材"市场调研	
	实训任务	熟悉和了解当前建材市场中，装饰石材最常见的石材品种以及基本性能	
	准备工作	1.邀请装饰石材的企业专家； 2.企业专家开办讲座，并且携带装饰石材样品； 3.确定讲座会场场地	
	实训要求	1.以小组为单位开展工作； 2.学生安静入座，讲座期间不可大声喧哗，保证会场秩序； 3.在讲座前，学生应该了解该企业的基本情况，在讲座期间做好拍照、摄像、笔记等实训记录工作	
课后反思	不足之处		
	思政领悟		
	教师评价		
	导师评价		

注：评分标准及评分表详见附录。

任务 2.2 技术性能

📖【课前导入】

上节课我们已经学习了装饰石材的定义、品种以及基本特性，丰富多彩的石材构成了建筑装饰材料的重要组成部分，之所以选用石材而非其他建筑材料，是由于石材所特定的技术性能所决定的，接下来我们就一起来学习装饰石材的物理性能、力学性能及装饰性能。

✏️【建议学时】1 学时

▦【教学目标】

知识目标	1. 了解装饰石材技术性能的重要指标分类； 2. 熟悉装饰石材的物理性能； 3. 熟悉装饰石材的力学性能； 4. 掌握装饰石材的装饰性能
能力目标	1. 通过实验操作检测装饰石材的物理性能； 2. 通过实验操作检测装饰石材的力学性能； 3. 从审美角度评价装饰石材的装饰性能
素养目标	1. 通过实验操作和实训演练等活动，渗透劳动教育； 2. 培养艺术审美素养； 3. 通过综合评价不同品种的装饰石材的各项技术性能指标，培养逻辑思维
思政元素	传承优秀的传统文化，发扬大国工匠精神

2.2.1 装饰石材的物理性能

1. 颜色

石材的颜色是指岩石中各种矿物对不同波长的可见光选择性吸收和反射，在人眼中呈现出的各种色彩；石材的光泽则是石材磨光面对可见光反射的能力。石材的颜色以及光泽与所含矿物成分、结构、构造密切相关。如图 2-2-1 所示。

图 2-2-1　洞石表面颜色

2. 密度

石材单位体积的实际质量称为密度。石材的密度主要取决于岩石矿物成分、孔隙大小与数量、含水量等。

3. 吸水率

石材吸水是指石材吸收水分的能力，以吸水率表示。石材吸水后将影响石材的质量和使用寿命。石材吸水率取决于矿物的亲水性，还与岩石的孔隙率大小及孔隙率特征、密度等密切相关，一般孔隙率越大则吸水率也越大，反之就小。

4. 硬度

石材的硬度是指岩石抵抗某种外来机械作用的能力，它与岩石的化学成分、矿物成分、岩石结构有关。

5. 耐磨性

装饰石材的耐磨性是指石材抵抗磨损的能力，是一种反映石材研磨抛光难易程度的指标。石材的耐磨性以耐磨率表示。

2.2.2 装饰石材的力学技术指标

1. 强度

装饰石材的强度是指岩石抵制外力作用的能力，包括抗压、抗折、抗拉强度。石材强度主要取决于岩石的成因、矿物成分、结构、构造、风化程度、含水率、裂隙中的发育程度及裂隙中充填物的性质等因素。

2. 脆性

装饰石材属于典型的脆性材料。装饰石材在荷载作用下，破坏前无明显的塑性变形，而表现为突发性破坏。

2.2.3 装饰石材的装饰性

装饰石材的装饰性一般是指石材的饰面效果，也是最直观的感受，评价装饰石材装饰性的技术指标主要包括颜色、光泽、花纹图案、质感等，还与石材的物理性能、力学技术指标息息相关。人造装饰石材的装饰性与石材的加工、生产工艺等因素有关，可以根据不同的生产工艺打造不同的装饰效果。如图 2-2-2 所示。

抛光面	亚光面	火烧面
荔枝面	斧凿面	仿古面
蘑菇面	水冲面	拉槽面

图 2-2-2 装饰石材表面装饰效果

📖 课程思政案例

案例名称	大理石应用赏析
案例意义	通过了解大理石的特性，深入领悟大理石文化
案例描述	大理石因出产于我国云南大理苍山（古称"点苍山"）而得名，为白色、黑色、灰色、青绿色等汉白玉类岩。切石后，部分剖面呈现出如同传统国画一样的天然图画。自大理国的前身南诏国开始，古人就将有图纹的大理石制成画屏或镶嵌在红木家私上作为高档奢侈品。 学习大理石的品名、特性与用途，传承我国古今大理石运用技巧、发扬大国工匠精神
案例实施	扫码观看案例 2-2-2 大理石应用赏析

📖 学生任务单

项目名称		装饰石材的技术性能	
学生姓名		班级学号	
课前任务			
自学阐述			
理论认知	重点内容		
	难点标注		
技能实训	基本信息	装饰石材的技术性能测评	
	实训任务	学生可以自主通过实验评测某一特定装饰石材的物理性能、力学性能以及装饰性能，并且小组之间形成对照组实验，比较不同石材的技术性能	
	准备工作	1. 准备天然石材以及人造石材的样品； 2. 准备测评实验的实验工具	
	实训要求	1. 以小组为单位开展工作； 2. 学生在实验过程中保持安静； 3. 学生在实验过程中应及时做好实验笔记	
课后反思	不足之处		
	思政领悟		
	教师评价		
	导师评价		

注：评分标准及评分表详见附录。

📋【课前导入】

上节课我们学习了装饰石材的物理性能、力学技术指标以及装饰性，将装饰石材应用到室内外建筑装饰工程时，需要选用其最佳的规格、类别以及样式，遵循必要的选用原则。接下来我们一起了解在选用装饰石材时，需要遵循的装饰性原则、耐久性原则及经济性原则。

✏️【建议学时】2 学时

🗂️【教学目标】

知识目标	1. 了解装饰石材的装饰性原则的内涵； 2. 熟悉装饰石材的耐久性原则的内涵； 3. 掌握装饰石材的经济性原则的内涵
能力目标	综合运用装饰性原则、耐久性原则以及经济性原则为某一项目设计石材选用的最佳方案
素养目标	1. 通过运用装饰性原则选用石材，培养学生的审美水平； 2. 通过运用耐久性原则选用石材，培养学生的实用意识； 3. 通过运用经济性原则选用石材，培养学生的务实作风
思政元素	传承精湛技艺的工匠精神，发扬节约务实的精神

2.3.1　装饰性原则

用于建筑装饰的石材，选用时不仅要控制其外观质量，更要考虑其色彩、纹理、质感等与建筑功能、环境、整体风格及人心理的协调关系，选用大理石的纹路、色彩都应该与建筑物的整体风格和谐一致。尤其是当在地面或者墙面大面积铺贴大理石时，应尽量选择低调、不突兀的纹理或者颜色。例如，在现代别墅室内装饰中，运用简约天然大理石作为地面装饰材料，可以凸显高级感和精致感。如图 2-3-1 所示。

2-3-1
黑色花岗岩
的装饰性

2.3.2　耐久性原则

一般选用石材做装饰材料的建筑，多数是重要的或大型的建筑，因此，强度与耐久性是其使用寿命的保证。无论是选用天然石材还是人造石材，都应该重点考虑耐久性原则，除了要考虑石材品质能够经得住时间的考验，还应该考虑石材的外观和风格也能经得住时间的考验，尤其是一些重要场合建筑装饰，可选用较常见的石材品类。

2.3.3　经济性原则

石材应尽量就地取材，合理选用，提高其利用率，而不要浪费石材资源，特别是名贵品种的石材。另外，对于天然石材制品还应该掌握观、量、听、试的质量检验方法。无论是一般家庭住宅装饰项目，还是公共建筑装饰项目，都应该重点考虑其经济性原则。见表 2-3-1。

图 2-3-1　大理石地面

石材价格参考表　　　　　　　　　　　　表 2-3-1

品名	种类 / 产地	规格尺寸	参考价格
大理石	美国米黄	m^2	420 元
	国产深咖	m^2	260 元
	帝皇金	m^2	300 元
	红木纹	m^2	460 元
	法国玫瑰	m^2	520 元
	伊丽莎白	m^2	480 元
	加州金麻	m^2	480 元
	木纹石毛板	300mm×600mm×20mm	95 元 /m^3
		300mm×600mm×30mm	110 元 /m^3

📖 课程思政案例

案例名称	打造高品质装饰石材
案例意义	通过认识石材品牌内在的制作工艺，领会精益求精的工匠精神，领悟品牌追求作品和产品高质量的企业经营理念
案例描述	学习我国装饰石材企业石材制作"成品"，认真挖掘并发扬百年巨匠所体现的严谨、精工、细致、耐心、坚持等优良作风
案例实施	扫码观看案例 2-3-2 装饰石材应用 案例赏析

📖 学生任务单

项目名称		装饰石材的选用原则	
学生姓名		班级学号	
课前任务			
自学阐述			
理论认知	重点内容		
	难点标注		
技能实训	基本信息	装饰石材选用原则的应用	
	实训任务	能够根据拟定的客户需求，选用同时兼具装饰性、耐久性和经济性的石材品种	
	准备工作	1. 拟定客户需求； 2. 确定石材商家	
	实训要求	1. 以小组为单位开展工作； 2. 学生在选用石材品种时，保持秩序，不得影响卖场的正常运营； 3. 学生在实训过程中做好记录	
课后反思	不足之处		
	思政领悟		
	教师评价		
	导师评价		

注：评分标准及评分表详见附录。

任务 2.4 搭配技巧

【课前导入】

上节课我们已经学习了选用装饰石材的装饰性原则、耐久性原则以及经济性原则，可以有利于我们选择最佳的装饰石材的规格、类别和样式，在此基础上我们需要采取一定的搭配技巧，将选用的石材运用到室内外建筑装饰工程中，具体有哪些搭配技巧呢？让我们一起来了解和学习。

【建议学时】2学时

【教学目标】

知识目标	1. 了解石材的色彩搭配技巧； 2. 熟悉石材的肌理搭配技巧； 3. 掌握石材的造型搭配技巧； 4. 掌握石材与其他材质的搭配技巧
能力目标	能够在设定的空间中，根据客户需求，立足于搭配原则，设计空间的装饰石材的搭配方案
素养目标	1. 立足于搭配技巧，引导学生进行石材搭配实训，培养学生的审美素养； 2. 通过优先运用某一种特定的搭配技巧设计装饰石材的搭配方案，培养学生的逻辑思维
思政元素	提升艺术审美水平，提升艺术内涵

2.4.1　装饰石材的色彩搭配技巧

以各种不同色系石材搭配的使用效果举例：中性色彩的花岗石为主要材料，空间上则表现出平和稳定的特点；暖性色彩的石材铺地，形式开放，其空间感受上常常比较热烈、活泼，适合在集会空间中使用；冷性色彩的石材铺地，其空间感受上比较安静、幽静，适合在一些较小的交流空间或闭合安静空间中使用。因而需要根据装饰的环境有效地搭配各种石材，提升整个空间的视觉效果。

在同一空间中，以不同色彩的花岗石相互组配形成微差或对比，组织或调解人的视觉及心理感受，也是广场铺地中常用的设计手法。下面是常见的几个国际广场的花岗石石材色泽的搭配效果，通过红、黄、蓝、白等不同色彩的花岗石所表现出来的自然色彩对比，形成现代抽象主义特色的铺地，色彩自然、丰富、活泼，整个空间有很强的现代感；用米黄和印度红为铺地材料，通过微差的形式使整个空间既活泼又统一和谐。如图 2-4-1 所示。

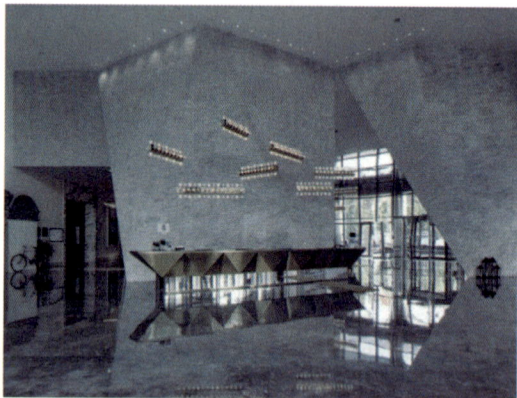

图 2-4-1　冷色调石材地面

2.4.2　装饰石材的肌理搭配技巧

装饰石材的肌理指的是石材表面的纹理以及各种表面形式（如光面表面、哑光面表面、喷砂面表面、拉槽面表面）。石材肌理的表面形式非常多，通过对石材表面进行处理，可以淋漓尽致地表现石材表面的肌理效果。因此，把石材的肌理称作"石材之魂"，没有石材肌理的表现，石材将失去灵魂，也就变得黯然失色、黯淡无光了。

京基 100 大厦是深圳的地标性建筑，为高档商业综合体。其内部装饰的地面石材表面采用光面表面的形式，表现了一种闪闪发光、晶莹闪亮的表面效果，彰显了该大厦的气派、奢华的装饰效果。

深圳音乐厅流水墙采用拉槽面的表面形式来表现石材的肌理。水流顺着幕墙而下，跳动着晶莹闪亮的水花，阳光下的水浪非常漂亮、动人。如图 2-4-2 所示。

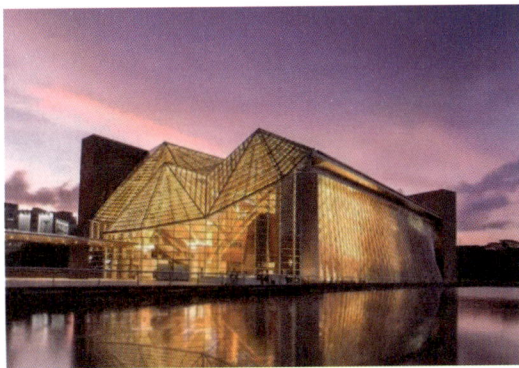

图 2-4-2   深圳音乐厅流水墙

2.4.3   装饰石材的造型搭配技巧

装饰艺术造型即是通过形式的对称，反复、连续、渐变、数比、节奏、均衡、对比、象形等手法，从而满足建筑环境的机能和装饰艺术性。装饰石材的造型搭配技巧主要有以下四点方法：

（1）从整体环境出发，明确整体造型的宏观形象、格调、气氛和布局的统一协调性。（2）逐步深化到各部分的具体装饰设计，依据布局的宏观要求，确定选择改善、丰富空间环境的形式。从各部多样尺度关系中找出适当的尺度感（即感觉上的大小和真实大小之间的关系）。明确图案构思主题、色彩的配置、明度的基调，以便利用天然石材多变的色彩花纹形态等特征，贯穿饰面图案，构成多种多样石材装饰艺术的特殊形象，达到有节奏感、有韵律感、有对比、有变化、明度得体等装饰效果。（3）深化到装饰造型最小部位——具体细节领域，如线脚、腰线、接缝及构造缝的设置，分块的格式，线的纵横曲直走向、排列形式，巧妙地衔接与过渡线形的奇异姿态，质地粗精程度的选用，图像的制作精细程度等。虽然说都是细枝末节，但它们的作用都是衬托主体形象，增强定向艺术魅力，忌讳"因小失大"。（4）整体平衡、调和、协调各部分构图，以及布局相互之间艺术渗透作用与整体形象和谐性。这便是构成石材装饰艺术造型创作全部过程。如图 2-4-3 和图 2-4-4 所示。

图 2-4-3   上海徐汇光启城

图 2-4-4　新世界大丸百货

2.4.4　装饰石材与其他材质的搭配技巧

　　石材可以与木材、玻璃、金属、壁纸等装饰材料搭配，在搭配时，需要综合考虑装饰材质之间的使用空间位置以及其材质的本质特征。装饰石材在与其他材质进行搭配时，可以选用对比的手法进行搭配，因石材质感较硬，故可选用质感较软的棉麻、布艺、木饰面等材质与其搭配，并且要按照一定的比例，这样搭配出来的整体效果会和谐统一，凸显装饰效果，呈现出眼前一亮的效果。如图 2-4-5 所示。

图 2-4-5　居住空间影视墙

📕 课程思政案例

案例名称	石材的艺术与审美
案例意义	石材之美，美在其纹样丰富多样，美在其色泽多彩温润，美在其造型灵活可塑。探索艺术内涵，提高审美意识，提高思想境界
案例描述	关于大自然中美不胜收的石材展示，徜徉在艺术与精神的审美殿堂，在学习中渐入佳境
案例实施	扫码观看案例 2-4-2 石材的艺术与审美

📖 学生任务单

项目名称		装饰石材的搭配技巧	
学生姓名		班级学号	
课前任务			
自学阐述			
理论认知	重点内容		
	难点标注		
技能实训	基本信息	装饰石材的搭配技巧	
	实训任务	能够根据业主需求以及住宅项目现场情况，设计合理的石材搭配方案	
	准备工作	1.确定住宅空间项目； 2.选择安装有 CAD 以及 3Dmax 软件的机房	
	实训要求	1.与业主交流时，要尊重业主，不询问业主隐私问题； 2.勘测住宅项目时，应注意保持现场环境卫生、安静； 3.在机房进行绘图实训时，注意保持安静	
课后反思	不足之处		
	思政领悟		
	教师评价		
	导师评价		

注：评分标准及评分表详见附录。

【课前导入】

通过学习本项目前 4 个任务的知识与技能，大家已经对装饰石材的基本内涵、技术性能、选用原则和搭配技巧有了一定的了解，这是前期设计的重要基础。设计的落地离不开的精益求精的施工工艺，随着时代进步，装饰石材工程领域也出现了诸多新材料和新工艺，干挂石材就是典型的新工艺之一，接下来我们就一起具体学习干挂石材的构造与施工工艺。

【建议学时】2 学时

【教学目标】

知识目标	1. 了解干挂石材的构造； 2. 掌握干挂石材的施工工艺
能力目标	1. 能够绘制干挂石材的施工节点图； 2. 能够现场实操干挂石材的施工工艺
素养目标	1. 通过绘制干挂石材的施工节点图，培养精益求精的工匠精神； 2. 通过现场实操干挂石材的施工工艺，培养吃苦耐劳的工匠精神
思政元素	发扬吃苦耐劳、精益求精的工匠精神

知识与技能

2.5.1 干挂石材的构造

1. 识图

运用 AR 虚拟仿真识图软件理解干挂石材的构造。如图 2-5-1 所示。

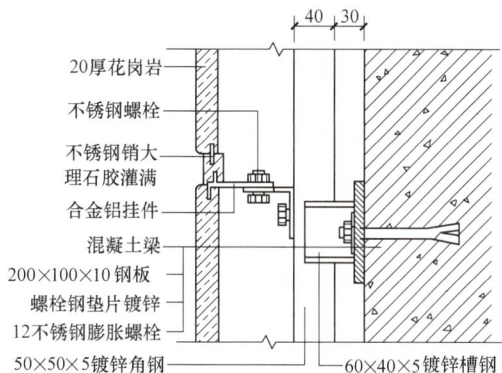

图 2-5-1　干挂石材墙面节点构造详图

标注（从上到下）：20厚花岗岩、不锈钢螺栓、不锈钢销大理石胶灌满、合金铝挂件、混凝土梁、200×100×10钢板、螺栓钢垫片镀锌、12不锈钢膨胀螺栓、50×50×5镀锌角钢、60×40×5镀锌槽钢。尺寸标注：40、30

2-5-1
新材料构造
的典型应用
——干挂石材

2. 绘图

运用 CAD 绘图工具绘制干挂石材节点构造详图。

2.5.2 干挂石材的施工工艺

1. 板材切割

按照设计图图纸要求在施工现场进行切割，由于板块规格较大，宜采用石材切割机进行切割，注意保持板块边角的挺直和规矩。

2. 磨边

板材切割后，为使其边角光滑，可采用手提式磨光机进行打磨。

3. 钻孔

相邻板块采用不锈钢销钉连接固定，销钉插在板材侧面孔内。孔径 5mm、深度 12mm，用电钻打孔。由于钻孔位置关系到板材的安装精度，因而要求准确无误。

4. 开槽

由于大规格石材的自重大，除了钢构件将板块下口托牢，还需在板材中部开槽设置承托扣件以支承板材的自重。

5. 涂防水剂

在板材背面涂刷一层丙烯酸防水涂料，以增强外饰面的防水性能。

6. 墙面修整

当混凝土外墙表面有局部凸出，会影响扣件安装时，须进行凿平修整。

7. 弹线

从结构中引出楼面标高和轴线位置，在墙面上弹出安装板材的水平和垂直控制线，并做灰饼以控制板材安装的平整度。

8. 涂刷防水剂

由于板材与混凝土墙身之间不填充砂浆，为了防止因材料性能或施工质量造成的渗漏，在外墙面上涂刷一层防水剂，以加强外墙的防水性能。

9. 板材的安装

板材安装的顺序是自下而上进行，在墙面最下一排板材安装位置的上下口拉两条水平控制线，板材从中间或墙面阳角开始就位安装。先安装好第一块作为基准，其平整度以事先设置的灰饼为依据，用线垂吊直，经校准后加以固定。一排板材安装完毕，再进行上一排扣件固定和安装，板材安装要求四角平整、纵横对缝。

10. 板材的固定

钢扣件和墙身用膨胀螺栓固定，扣件为一块钻有螺栓安装孔和销钉孔的平钢板，根据墙面与板材之间的安装距离进行调整。扣件上的孔洞均为椭圆形，以便安装时调整位置。

11. 防水处理

石材饰面接缝处的防水处理采用密封硅胶嵌缝。嵌缝前先在缝隙内嵌入柔性条状泡沫聚乙烯材料作为衬底，以控制接缝的密封深度和加强密封胶的粘结力。

干挂石材施工工艺示意图如图 2-5-2 所示。

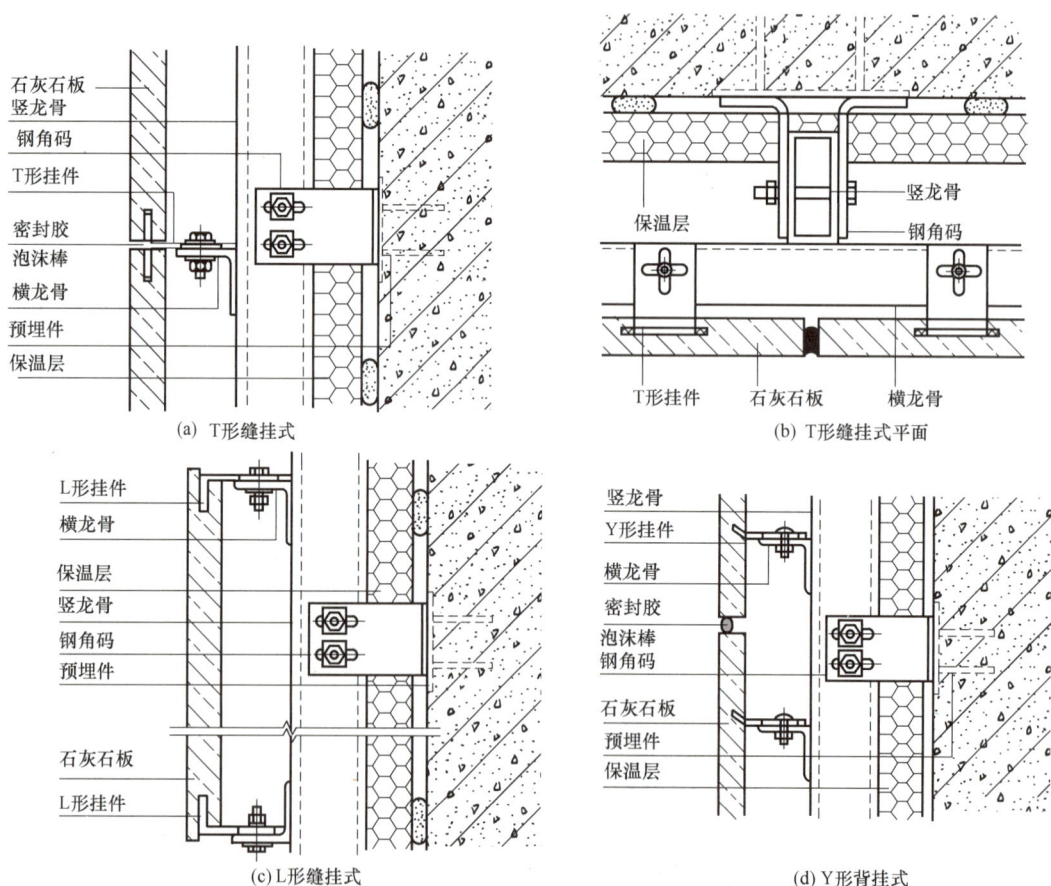

(a) T形缝挂式

(b) T形缝挂式平面

(c) L形缝挂式

(d) Y形背挂式

图 2-5-2　干挂石材施工工艺示意图

📘 课程思政案例

案例名称	干挂石材的施工工艺
案例意义	通过学习干挂石材的节点构造与施工细节，渗透精益求精的工匠精神，培养学生吃苦耐劳的劳动精神
案例描述	重点展示现场干挂石材的过程视频，培养学生踏实肯干的劳动意识，引导学生树立勤学肯干的劳动精神
案例实施	扫码观看案例 2-5-2 干挂石材的 施工工艺

📖 学生任务单

项目名称		装饰石材——新材料构造的典型应用	
学生姓名		班级学号	
课前任务			
自学阐述			
理论认知	重点内容		
	难点标注		
技能实训	基本信息	装饰石材——新材料的典型构造工艺	
	实训任务	按照干挂石材的施工工艺步骤进行实操实训	
	准备工作	1. 准备好干挂石材的节点图纸； 2. 安装有 CAD 绘图软件的机房； 3. 可以进行干挂石材实训操作的实训基地	
	实训要求	1. 掌握干挂石材节点构造； 2. 操作步骤准确无误； 3. 团队协作，有条不紊	
课后反思	不足之处		
	思政领悟		
	教师评价		
	导师评价		

注：评分标准及评分表详见附录。

项目 3
木材

任务 3.1　材料认知
任务 3.2　技术性能
任务 3.3　选用原则
任务 3.4　搭配技巧
任务 3.5　新材料构造的典型应用

思维导图

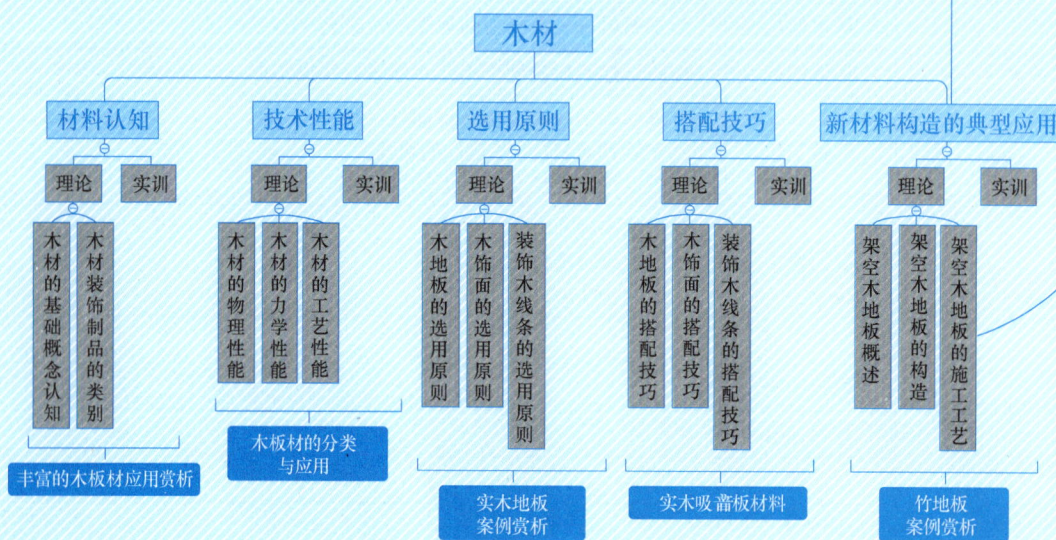

任务 3.1　材料认知

【课前导入】

广西文化艺术中心是全国第一个使用台口声柱设计的剧院，设计有隐藏式高功率可控声柱扬声器全套系统，为国内首创。大剧院可满足大型歌剧、交响乐、大型音乐会等演出的需求。广西文化艺术中心整体呈白色，犹如岛屿般的底部基座在碧水中央托起宛若喀斯特地貌的三座"山峰"——大剧院、音乐厅和多功能厅，相应形成"山、水、岸"的景致。木材是大剧院普遍运用的建筑材料，接下来我们就一起通过欣赏广西文化艺术中心项目案例，来了解木材的基本内涵。

3-1-1
广西文化艺术中心项目案例

【建议学时】1 学时

【教学目标】

知识目标	1. 了解装饰木材的定义； 2. 熟悉木材装饰制品的主要类别； 3. 掌握木材装饰制品的品种及其特性
能力目标	1. 能够识别木材装饰制品的类别； 2. 对木材有初步认知能力
素养目标	1. 通过学习木材装饰制品知识，培养对木材的保护利用意识； 2. 通过分类，比较不同品种的木材装饰制品，培养学生钻研精神
思政元素	使用可循环再生材料，坚持走可持续发展道路

3.1.1 木材的基础概念认知

木材是树木砍伐后，经加工，可供建筑及制造器物用的材料。木材泛指用于建筑的木制材料，通常分为软材和硬材。木材因取得和加工容易，自古以来就是一种主要的建筑材料，工程中所用的木材主要取自树木的树干部分。木材是传统的优良建筑与装饰材料，主要用于建筑物室内装饰材料，被称为"装饰木材"。

3-1-2
木材的材料
认知

3.1.2 木材装饰制品的类别

1. 木地板

木地板是由硬木树种（如水曲柳、榆木、柚木、柞木、水青冈、红青冈、白青冈、枫木、榉木、紫檀、樱桃木等）和软木树种（如红松、广东松、落叶松、红杉、铁杉、云杉、水杉、油杉等）经加工处理而制成的木板面层。木地板可分为实木地板、强化木地板、实木复合地板和竹材地板等。

（1）实木地板

实木地板由于其天然的木材质地，尤以润泽的质感、柔和的触感、自然温馨、冬暖夏凉、脚感舒适、高贵典雅而深受人们的喜欢。如图 3-1-1 所示。

（2）强化木地板

强化木地板是由耐磨层、装饰层、芯层、防潮层胶合而成。耐磨层，采用 Al_2O_3 或碳化硅覆盖在装饰纸上。装饰层，一般为电脑仿真制作的印刷纸。由于是电脑模拟仿真，可仿真制作成各类树种的天然花纹，甚至还可模仿石材的纹路以及创造出一些独特的图案。利用三聚氰胺浸渍过的电脑图案装饰纸具有较强的抗紫外线的优点，经过长期照射不会褪色。芯层，也称基材层，多采用高密度纤维板（HDF）、中密度纤维板（MDF）或特殊形态的优质刨花板，以前两者居多。防潮层，也称底层，其作用是防潮和防止强化木地板变形，一般采用一定强度的厚纸在三聚氰胺中浸渍制得。如图 3-1-2 所示。

图 3-1-1　实木地板

（3）实木复合地板

实木复合地板可分为三层实木复合地板、多层实木复合地板和细木工贴面地板。如图 3-1-3 所示。

三层实木复合地板，是由三层实木交错层压而成，表层为优质硬木板条镶拼板，芯层为软木板条，底层为旋切单板，克服了单向同性易变形的缺点，保留了实木地板的舒适脚感和天然木材的优点。

图 3-1-2　强化木地板

图 3-1-3　实木复合地板

多层实木复合地板，是以多层胶合板为基材，其表层以优质硬木板条镶拼板或刨切单板为面板，涂布以脲醛树脂胶粘结，经热压而成。

细木工贴面地板，是以细木工板作为基材板层，表面用名贵硬木树种作为表层，经过热压而成。

（4）竹材地板

竹材地板是近年来开发的高档室内装饰材料。它经选料粗加工、碳化、蒸煮漂白、粗材胶合、板材成型等工艺过程制成。带有企口的长条地板不仅其表面华丽、高雅，脚感舒适，又具有竹子的固有特性——经久耐用、耐磨、不变形、防水、易于维护清扫等，并且竹材地板施工难度小，所以是适用于宾馆、办公室、居室等场所的高档建筑装饰材料。目前我国的竹木产品不仅供应国内，还远销美国、日本等国家。如图 3-1-4 所示。

2. 木饰面板

木饰面板是室内外装饰设计人员非常喜爱的建筑装饰材料，常用于较高档的室内墙面装饰及家具制造。

（1）胶合板

胶合板是将原木旋切成薄片，再用胶粘剂按奇数层数，以各层纤维互相垂直的方向粘合热压而成的人造板材。如图 3-1-5 所示。

图 3-1-4　竹木地板

图 3-1-5　胶合板

（2）细木工板

细木工板属于特种胶合板的一种，以木板条拼接或空心板作芯板，两面覆盖两层或多层胶合板。如图 3-1-6 所示。

（3）纤维板

纤维板是以木质纤维或其他植物纤维材料为主要原料，经破碎、浸泡、研磨成木浆，再加入一定的胶料，经热压成型、干燥等工序制成的一种人造板材。如图 3-1-7 所示。

（4）刨花板

刨花板是利用施加胶料和辅助料或未施加胶料和辅助料的木材或非木材植物制成的刨花材料（如木材刨花、亚麻屑、甘蔗渣等），经压制成的板材。如图 3-1-8 所示。

图 3-1-6　细木工板　　　　　　图 3-1-7　纤维板　　　　　　图 3-1-8　刨花板

（5）薄木贴面装饰板

薄木贴面装饰板是采用珍贵木材，通过精密加工而成的非常薄的装饰面板。薄木贴面装饰板具有珍贵树种特有的美丽木纹和色调，既节省了珍贵树种木材，又使人们能享受到真正的自然美。如图 3-1-9 所示。

图 3-1-9　薄木贴面装饰板

3. 木装饰线条

木装饰线条简称木线，是选用质硬、结构细密、材质较好的木材，经过干燥处理后，再机械加工或手工加工而成。木线可油漆成各种色彩和木纹本色，又可进行对接、拼接，还可弯曲成各种弧线。木线在室内装饰中主要起着固定、连接、加强装饰饰面的作用。

木线具有：表面光滑，棱角、棱边、弧面弧线垂直，轮廓分明，耐磨，耐腐蚀，不劈裂，上色性好，粘结性好等特点，在室内装饰中应用广泛，主要用于天花角线和墙面装饰线条。

（1）天花角线

木线条可以用于天花上不同层次面的交接处封边，以及天花上各不同材料面的对接处封口，称为天花角线。如图 3-1-10 所示。

图 3-1-10　天花角线

（2）墙面装饰线条

墙面装饰线条主要指墙面上不同层次面的交接处封边、墙面上各不同材料面的对接处封口以及墙面上的造型线等。如图 3-1-11 所示。

图 3-1-11　墙面装饰线条

📘 课程思政案例

案例名称	丰富的木板材应用赏析
案例意义	通过了解我国蕴藏着丰富的木材和板材资源，认识到木材为可循环再生材料，加强培养可持续发展理念
案例描述	通过案例了解木材装饰制品的类别； 赏析木材装饰制品的应用案例
案例实施	扫码观看案例 3-1-3 丰富的木板材 应用赏析

学生任务单

项目名称		木材的材料认知	
学生姓名		班级学号	
课前任务			
自学阐述			
理论认知	重点内容		
	难点标注		
技能实训	基本信息	"装饰木材"市场调研	
	实训任务	学生能够熟悉和了解木材在建筑装饰中的应用类别及其基本定义和特性	
	准备工作	1. 联系 3 ～ 4 家木材装饰制品企业； 2. 企业需要具备携带木地板、木饰面、木线条等样品	
	实训要求	1. 以小组为单位开展工作； 2. 各小组分别到不同的企业调研； 3. 调研后制作调研报告 PPT，各小组分别汇报分享	
课后反思	不足之处		
	思政领悟		
	教师评价		
	导师评价		

注：评分标准及评分表详见附录。

3.1 架空木地板的概述
架空木地板一般由木地板、支架槽等两部分组成。架空木地板安装，
前是将木地板架空，不让它与地面接触，使地板下有足够的空间，以便于
重新利用空间。只需保持地面平整即可安装，如图3-5-1所示。

任务 3.2　技 术 性 能

📑【课前导入】

上节课我们学习了木材的定义，并详细了解了木地板、木饰面、装饰木线条这三种最常见的木材的应用类别，丰富多彩的木材构成了建筑装饰材料的重要组成部分，之所以选用木材而非其他建筑材料，是由于木材所特定的技术性能所决定的，接下来我们就一起来学习木材的物理性能、力学性能以及装饰性能。

📝【建议学时】1 学时

▦【教学目标】

知识目标	1. 了解装饰木材的技术性能的重要指标分类； 2. 熟悉装饰木材的物理性能； 3. 熟知装饰木材的力学性能； 4. 掌握装饰木材的装饰性能
能力目标	1. 通过实验操作检测装饰木材的物理性能； 2. 通过实验操作检测装饰木材的力学性能； 3. 从审美角度评价装饰木材的装饰性能
素养目标	1. 通过实验操作和实训演练等活动，渗透劳动素养教育； 2. 培养艺术审美水平； 3. 通过综合评价不同品种的装饰木材的各项技术性能指标，培养逻辑思维
思政元素	取其精华，去其糟粕，传承中华民族优秀的传统文化

3.2.1　木材的物理性能

1. 密度

密度指单位体积木材的重量。木材的重量和体积均受含水率影响。基本密度，是木材试样的烘干重量与其饱和水平时的体积之比。烘干密度，是木材试样的烘干重量与其烘干后的体积之比。炉干密度，是木材试样的烘干重量与其炉干时的体积之比。气干密度，是气干材重量与气干材体积之比，通常以含水率在 8%~20% 的木材密度为气干密度。木材的气干密度为我国进行木材性质比较和生产使用的基本依据。

木材密度的大小，受多种因素的影响，其主要影响因子为：木材含水率的大小、细胞壁的厚薄、年轮的宽窄、纤维比率的高低、抽提物含量的多少、树干部位、树龄立地条件和营林措施等。如图 3-2-1 所示。

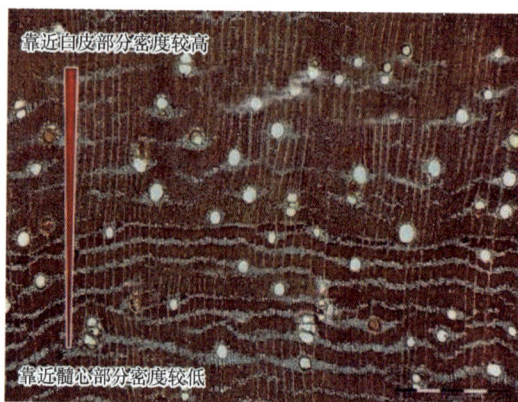

图 3-2-1　木材密度

2. 含水率

含水率指木材中水重占烘干木材重的百分数。木材中的水分可分两部分：一部分存在于木材细胞壁内，称为吸附水；另一部分存在于细胞腔和细胞间隙之间，称为自由水（游离水）。当吸附水达到饱和而尚无自由水时，称为纤维饱和点。木材的纤维饱和点因树种不同存在差异，约在 23%~33% 之间。当含水率大于纤维饱和点时，水分对木材性质的影响很小。当含水率自纤维饱和点降低时，木材的物理和力学性质随之而变化。木材在大气中能吸收或蒸发水分，与周围空气的相对湿度和温度相适应而达到恒定的含水率，称为平衡含水率。木材平衡含水率随地区、季节及气候等因素而变化，约在 10%~18% 之间。如图 3-2-2 所示。

3. 胀缩性

从含水量等于零时开始，膨胀量随着木材含水量逐渐增加而增大，木材含水量达到纤维饱和点时，膨胀量达到最大。木材在干燥过程中，由于干燥不良，可能引起木材变形、翘曲及开裂等缺陷。木材因大气湿度变化可随时改变其尺寸大小。在生产过程中，采取合理的干燥工艺及措施，可以减少木材的干缩与湿胀，在木材利用上具有重要意义。

总的来说，木材的胀缩归根到底是由于水分渗到微纤丝间，增加了纤丝间的缝隙，进而影响了木材尺寸的变化，在一定条件下微纤丝间隙的增加是有限度的。如图 3-2-3 所示。

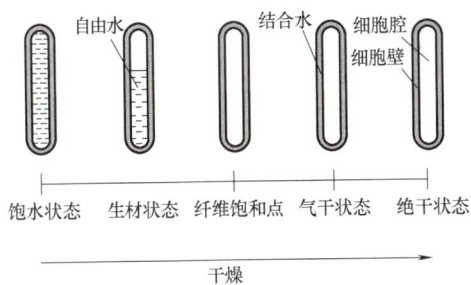

图 3-2-2　木材含水率

图 3-2-3　木材胀缩性示意图

3.2.2　木材的力学性能

木材有很好的力学性质，且木材是有机各向异性材料，顺纹方向与横纹方向的力学性质有很大差别。木材的顺纹抗拉和抗压强度均较高，但横纹抗拉和抗压强度较低。木材强度还因树种而异，并受木材缺陷、荷载作用时间、含水率及温度等因素的影响，其中受木材缺陷及荷载作用时间两者的影响最大。因木节尺寸和位置不同、受力性质（拉或压）不同，有节木材的强度比无节木材一般降低 30%~60%。在荷载长期作用下，木材的长期强度几乎只有瞬时强度的一半。

3.2.3　木材的工艺性能

木材不仅具有良好的物理和力学性能，而且还易于加工，具有天然的花纹，给人以淳朴、典雅的质感，所以木材制品广泛应用于建筑物室内地面、墙面、顶棚的装饰，也可做骨架材料。

人造板材能充分利用木材在采伐、制材和加工中的剩余物或废弃物，且具有幅面大、不翘曲、不易开裂等优点，是解决我国木材供应不足的重要途径之一。

如图 3-2-4 所示，木地板的安装工艺非常简单，易于操作。

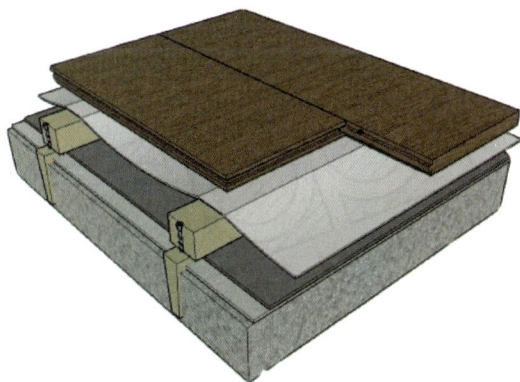

3-2-1
实木地板
的铺贴

图 3-2-4　木地板安装工艺示意图

📖 课程思政案例

案例名称	木板材的分类与应用
案例意义	通过学习木板材的分类与应用，强调优质、安全、规范的材料选用要求
案例描述	学习木材加工板材的分类及材料指标，学习板材在室内设计中的应用案例。传承优良精湛的材料工艺
案例实施	扫码观看案例 3-2-2 木板材的分类 与应用

📖 学生任务单

项目名称		装饰木材的技术性能		
学生姓名			班级学号	
课前任务				
自学阐述				
理论认知	重点内容			
	难点标注			
技能实训	基本信息	装饰木材的技术性能测评		
	实训任务	学生可以自主通过实验评测某一特定装饰木材的物理性能、力学性能以及工艺性能，并且小组之间形成对照组实验，比较不同木材的技术性能		
	准备工作	1.准备木材加工后的板材的样品； 2.准备测评实验的实验工具		
	实训要求	1.以小组为单位开展工作； 2.学生在实验过程中保持安静； 3.学生在实验过程中应及时做好实验笔记		
课后反思	不足之处			
	思政领悟			
	教师评价			
	导师评价			

注：评分标准及评分表详见附录。

【课前导入】

我们在将木地板、木饰面以及装饰木线条应用到室内外建筑装饰工程时，需要选用最佳的规格、类别以及样式，要遵循一定的选用原则，接下来我们就一起学习了解所需要遵循的原则及技巧。

【建议学时】 2 学时

【教学目标】

知识目标	1. 了解木地板的选用原则； 2. 熟悉木饰面的选用原则； 3. 掌握装饰木线条的选用原则
能力目标	1. 根据选用原则，在建材市场选用木地板； 2. 根据选用原则，在建材市场选用木饰面； 3. 根据选用原则，在建材市场选用装饰木线条
素养目标	1. 通过装饰性原则，培养审美水平； 2. 通过耐久性原则，培养实用意识； 3. 通过经济性原则，培养务实作风
思政元素	发扬去伪存真、取其精华的工匠精神

无论是选用木地板、木饰面还是装饰木线条，都需要综合考虑经济性原则、耐久性原则以及装饰性原则。其中，经济性原则占据决定地位，决定选用木制品的品种；其次，则根据业主需求、装饰风格、装饰质量等需求，确定考虑装饰性原则与耐久性原则的优先顺序。按照确定的类别和品种，最后确定具体的型号和款式。

3-3-1
木地板的
选用原则

3.3.1　木地板的选用原则

1. 根据经济性原则确定木地板类别

无论是家庭住宅装修、酒店装修、办公空间以及娱乐空间，在选用木地板时，应该首先考虑经济性原则，尽量在业主或者甲方能够负担的价格内购买最好的木地板类别。一般来说，实木地板、实木复合地板、强化地板的价格依次降低，但是不同的品牌和款式对应的价格也会有所区别。

2. 根据耐久性原则确定木地板品种

耐久性原则也就是质量原则，由于木地板经常被人踩踏、被重物施压，所以在选用木地板时，应该优先考虑耐久性原则。那么如何判断木地板质量好坏呢？

（1）观察木地板纹理

质量好的木地板，木头的纹理是十分清晰且美观大方的，如果是纹理杂乱不堪，看着就"不顺眼"的木地板，通常是由劣质木头制作而成，往往质量都很差。如图 3-3-1 所示。

图 3-3-1　木地板纹理

（2）看木地板颜色

优质的木地板通常颜色非常自然，既不会过浓也不会很淡。如果木板颜色很重或很深的，通常是商家为了掩盖木地板原有的成色而刷了一层很厚的漆，不应选用此类地板。如

图 3-3-2 所示。

图 3-3-2　木地板颜色对比卡

（3）看木地板裂痕

市面上很多木地板会有些细的裂痕，这是正常的现象，这些裂痕是木头在生长过程中的正常损坏。但如果木地板的裂痕较多或裂痕较长，则有可能是来源于存在病患的树木，会导致使用寿命较短。

（4）看木地板拼搭的密封性

铺设木地板时当然是拼接越紧密越好，若是缝隙过大则会产生很多问题，所以在选用木地板的时候可以通过将木地板拼接起来看看密封性是否良好。如图 3-3-3 所示。

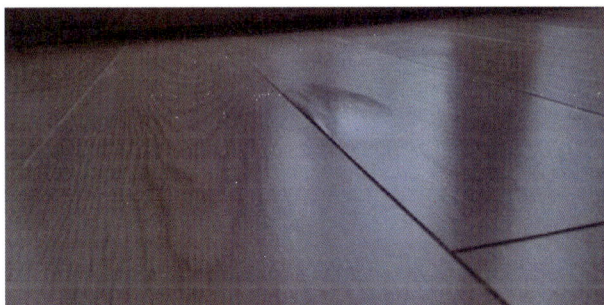

图 3-3-3　木地板拼接缝隙

3. 根据装饰性原则确定木地板品种

木地板对室内的整体风格起着关键的作用，应充分考虑装饰性原则。与室内风格进行和谐统一，一般主要考虑木地板的色系以及纹理两大因素。通常来说，简约的现代风格，一般会选用纹理简单、颜色较浅的原木色系或者灰色系木地板；比较厚重沉稳的中式风格，则一般会选择颜色较深的深咖色系或者红棕色系，且纹理相对复杂，夺人眼球。

3.3.2　木饰面的选用原则

木饰面主要用于墙面造型或者木质家具，现场油漆工艺已经逐渐消失，主要通过工厂定制、现场直接安装的模式，一般是在建材市场挑选样品，然后工厂进行大批量生产与加工。由于木饰面的基层板、饰面板以及涂饰工艺的不同，其价格也有高低之分，因此需要首先考虑经济性原则，选择性价比较高的木饰面。由于其主要用于墙面以及木质家具，所以与选用木地板不同，在选用木饰面时，应该优先考虑装饰性。

涂饰工艺主要有清油油漆和混油油漆两种：清油油漆可以保留木材原有的纹理，体现原木的自然、温润的特征；混油油漆则对木纹进行遮盖，涂刷成白色或者其他颜色，更加富有表现张力。

在选择木门、定制家具等木质家具时，耐久性原则是非常最重要的，不仅要考虑木材本身质量，还应该考虑木饰面板与五金件的固定是否牢固，这也直接影响了木质家具的使用寿命。如图 3-3-4 所示。

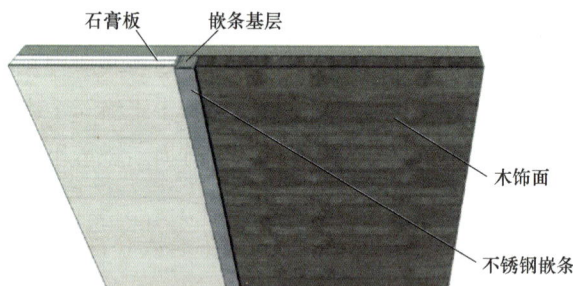

图 3-3-4　木饰面安装构造示意图

3.3.3　装饰木线条的选用原则

装饰木线条主要是起到装饰和点缀作用，所以应该首先考虑其装饰作用。主要掌握以下几点：第一，尽量选用颜色较深的木质线条，这样可以起到突出和点缀的作用。第二，如果同一空间内还有其他的木质家具或者木地板，应进行呼应，让整个空间更加协调统一。第三，在线条造型方面，应该着重考虑空间风格，如果是现代简约风格，则应该选择直线线条；如果是欧式风格，可以选择曲面造型；如果是中式风格，可以用线条打造"回字形"等中式元素。

📖 课程思政案例

案例名称	实木地板案例赏析
案例意义	通过学习实木地板的案例赏析，挖掘其中的工匠精神，领悟品牌追求精工作品和产品的高质量设计理念
案例描述	实木地板典雅高贵、厚实温润、色彩丰富，木纹自然优美、装饰效果返璞归真，其使用安全、极富生活品位
案例实施	扫码观看案例 3-3-2 实木地板 案例赏析

📘 学生任务单

项目名称	装饰木材的选用原则		
学生姓名		班级学号	
课前任务			
自学阐述			
理论认知	重点内容		
	难点标注		
技能实训	基本信息	装饰木材的选用实训	
	实训任务	能够根据拟定的客户需求，选用同时兼具装饰性、耐久性和经济性的木地板、木饰面以及装饰木线条	
	准备工作	1. 拟定客户需求； 2. 确定木材品牌	
	实训要求	1. 以小组为单位开展工作； 2. 学生在选用木材品种时保持安静，不得影响卖场的正常运营； 3. 学生在实训过程中做好记录	
课后反思	不足之处		
	思政领悟		
	教师评价		
	导师评价		

注：评分标准及评分表详见附录。

任务 3.4 搭配技巧

【课前导入】

上节课我们已经学习了选用木地板、木饰面以及装饰木线条的原则和技巧，有利于选择它们的规格、类别和样式，之后我们需要采取一定的搭配技巧，将选用的木地板、木饰面以及装饰木线条运用到室内外建筑装饰工程中，具体有哪些搭配技巧呢？让我们一起来了解和学习。

【建议学时】2 学时

【教学目标】

知识目标	1. 了解木地板的搭配技巧； 2. 熟悉木饰面的搭配技巧； 3. 掌握装饰木线条的搭配技巧
能力目标	能够在设定空间中，根据客户需求，立足于搭配原则，设计空间的装饰木材的搭配方案
素养目标	立足于搭配技巧，引导学生进行木地板、木饰面、装饰木线条搭配实训，提升学生的艺术审美水平
思政元素	发扬精工品质、坚持以人为本、符合国家安全规范

3.4.1 木地板的搭配技巧

在家装的过程中，色彩搭配无疑是重中之重。好的色彩搭配所营造的空间不仅能体现出美观，更能提升家庭主人自身的品位与风格。木地板作为空间的肌肤，有着绝对的影响力，主导着一个屋子的风格走向，木地板和其他家具的搭配也就显得尤为重要了。

1. 简约灰色 + 人字拼花

人字拼花原木色地板有着艺术的气息。搭配简约的灰色地毯和沙发，让地板不再单调。一旁拥有现代感的懒人椅则提供了一个小憩的空间。纯色与拼花，通过地板的衔接一切都显得那么自然。如图 3-4-1 所示。

图 3-4-1　人字拼花木地板搭配

2. 田园风 + 原木色地板

典型的田园风格房间，从典雅的小茶几和屋内屋外相映衬的花就可以看出来。颜色鲜亮的椅子搭配上素雅的白色窗帘，房间的地板不施加任何色彩，完全展露自然的原木色，仿佛刮过一阵自然田园风。如图 3-4-2 所示。

图 3-4-2　原木色地板搭配

3. 自然 + 个人空间

用毫无修饰的白色砖块作为主墙纸，配上植物，营造出清新自然的气息，深色木质地板透着主人的悠然自得的心境，这是发挥个人兴趣爱好的完美空间。深色地板、白色墙纸、简约的餐桌和椅子，三者搭配自然，完美和谐。如图 3-4-3 所示。

图 3-4-3　自然风木地板搭配技巧

4. 阳台 + 亲水地板

阳台使用亲水地板铺设再好不过了，与热爱种植的家庭更为搭配，阳光洒下，欣赏绿植，吸上几口清新的空气，看到的、听到的都是无限美好。如图 3-4-4 所示。

图 3-4-4　阳台木地板搭配技巧

3.4.2　木饰面的搭配技巧

电视背景墙由三部分组成，从上至下分别为：挂设电视的木饰面墙体、玻璃柜体式壁炉及高级灰大理石基座，空间层次极为丰富。如图 3-4-5 所示。

主卧内以背光装饰镜面作为床头背景墙，宽窄不同的木饰面板有序地分布于表面，黑色简洁落地灯置于床头一侧，总体给人带来一丝轻奢氛围。如图 3-4-6 所示。

图 3-4-5　电视背景墙木饰面与石材搭配

图 3-4-6　主卧背景墙木饰面与镜面搭配

　　运用了木饰面和布艺墙板以及柔和的中性色调，呈现出无比禅意的气质，厨房与餐厅的隔断，由原木搭配亚麻墙布，为空间增加了其他材料没有的柔软感。如图 3-4-7 所示。

图 3-4-7　木饰面与布艺墙板搭配

3.4.3　装饰木线条的搭配技巧

　　装饰木线条主要用做墙面或者天花造型，起到丰富空间、画龙点睛的作用，与金属线条相比，装饰木线条更加温润，因此通常用于新中式或者中式风格。木线条也可根据整体装饰风格，加工制造成不同的造型，如果是简约风的新中式风格，通常是直线条，简单明快大气；如果是传统中式风格，通常会加工后曲面造型，凸显稳重、高贵的气质，但是造价成本也相对较高。如图 3-4-8 所示。

图 3-4-8　新中式原木色木线条背景墙

📑 课程思政案例

案例名称	实木吸音板材料
案例意义	木材的美，美在其朴质大方，亲近大自然；美在其造型多样，可塑性很强。共同探索木材的材料运用方法，共同提高审美意识
案例描述	关于大自然中多种多样木材的肌理色泽，发现木材的众多优点。在学习实木吸音板材料的过程中，认知实木吸音板的结构，注意其防火性、阻燃性等方面的应用，充分结合国家材料安全规范手册展开安全教育学习
案例实施	扫码观看案例 3-4-2 木地板的选择与搭配

📖 学生任务单

项目名称		装饰木材的搭配技巧	
学生姓名		班级学号	
同组成员		完成日期	
自学阐述	课前任务		
	自学记录		
理论认知	重点内容		
	难点标注		
	延展补充		

	基本信息	装饰木材的搭配技巧
技能实训	准备工作	1. 确定住宅空间项目； 2. 安装有 CAD 以及 3Dmax 软件的机房
	实训要求	1. 与业主交流时，要尊重业主，不询问业主隐私问题； 2. 勘测住宅项目时，应注意保持现场环境卫生、安静； 3. 在机房进行绘图实训时，注意保持安静
	实训任务	能够根据业主需求以及住宅项目现场情况，绘制木地板、木饰面、装饰木线条的整体搭配效果图
课后反思	不足之处	
	反思整改	
	课后拓展	
	思政领悟	
总体评价	自我评价	
	小组评价	
	教师评价	
	导师评价	

注：评分标准及评分表详见附录。

任务 3.5　新材料构造的典型应用

【课前导入】

通过学习本项目前 4 个任务的知识与技能，相信大家已经对木材的基本内涵、技术性能、选用原则和搭配技巧有了一定的了解，这是前期设计的重要基础。设计的落地离不开的精益求精的施工工艺，随着时代进步，木工工程领域也出现了诸多新材料和新工艺，架空木地板就是典型的新工艺之一，接下来我们就一起来具体了解架空木地板的构造与施工工艺。

【建议学时】2 学时

【教学目标】

知识目标	1. 了解架空木地板与传统木地板铺贴方式的优势； 2. 掌握架空木地板的施工工艺
能力目标	1. 识读架空木地板的构造节点图纸； 2. 现场实操架空木地板的安装
素养目标	1. 通过了解架空木地板与传统木地板铺贴方式的优势，培养创新思维； 2. 通过识读架空木地板节点构造图纸，培养精益求精的钻研精神； 3. 通过现场实操架空木地板安装，培养职业素养
思政元素	追求细节完美、精益求精的工匠精神

3.5.1 架空木地板的概述

架空木地板一般由木地板、支架横梁两部分组成。架空木地板安装，即是将木地板架空，不让它与地面接触，使地板下有足够的空间，以便于通风、保持干燥。只需保持地面平整即可安装。如图 3-5-1 所示。

图 3-5-1 架空木地板示意图

3.5.2 架空木地板的构造

1. 识图

运用 AR 虚拟仿真识图软件理解架空木地板的构造。

2. 绘图

运用 CAD 绘图工具绘制架空木地板节点构造详图。

3.5.3 架空木地板的施工工艺

1. 基层清理

在正式安装架空地板前，要先将计划安装架空木地板的地面清理干净。用吸尘器或其他清扫工具，将地面上的灰尘、尘土、杂物全部清除干净。

2. 基层修补

将地面清扫干净后，如果发现地面上有凹凸不平的地方，需要将不平的地方磨平，将凹陷的地方补平。

3. 放线

将地面基层修补平整后，要在计划安装架空木地板的地面上放线，按照地板的排板图与施工现场的轴线位置，放好架空地板的地面分格线。

4. 安装支撑脚

将地面分格线放好后，接着就要安装支撑脚了，即将胶粘剂抹在支撑杆的底座上，然后用锚固螺栓将地板支撑脚固定在底层地板上。

5. 调整支撑脚高度

根据实际需求，将支撑脚调到合适的高度，然后利用调平螺母将支撑脚固定好。

6. 木地板安装

支撑脚高度调好后，就可以安装木地板了。在安装木地板时，一定要保证板面与垂直面相接处的缝隙不大于 3mm。

7. 清理饰面板

将木地板铺装完毕后，接着要做的就是将木地板打扫干净。然后报验收，经检查合格后，用塑料布覆盖严密。

📖 课程思政案例

案例名称	竹地板案例赏析
案例意义	通过了解竹地板，培养学生对环保材料的认识，引导学生多挖掘可循环利用的绿色环保材料
案例描述	学习竹地板的常用尺寸、学习竹室内装饰材料以及竹材料在建筑室内设计中的装饰应用
案例实施	扫码观看案例 3-5-2 竹地板 案例赏析

📖 学生任务单

项目名称	装饰木材——新材料构造的典型应用		
学生姓名		班级学号	
课前任务			
自学阐述			
理论认知	重点内容		
	难点标注		
技能实训	基本信息	装饰木材——新材料的典型构造工艺	
	实训任务	1. 掌握架空木地板的构造节点； 2. 熟悉架空木地板的安装工艺	
	准备工作	1. 准备好架空木地板的节点图纸； 2. 安装有 CAD 绘图软件的机房； 3. 可以进行架空木地板安装的实训基地	
	实训要求		
课后反思	不足之处		
	思政领悟		
	教师评价		
	导师评价		

注：评分标准及评分表详见附录。

项目 4
瓷砖

任务 4.1　材料认知
任务 4.2　技术性能
任务 4.3　选用原则
任务 4.4　搭配技巧
任务 4.5　新材料构造的典型应用

思维导图

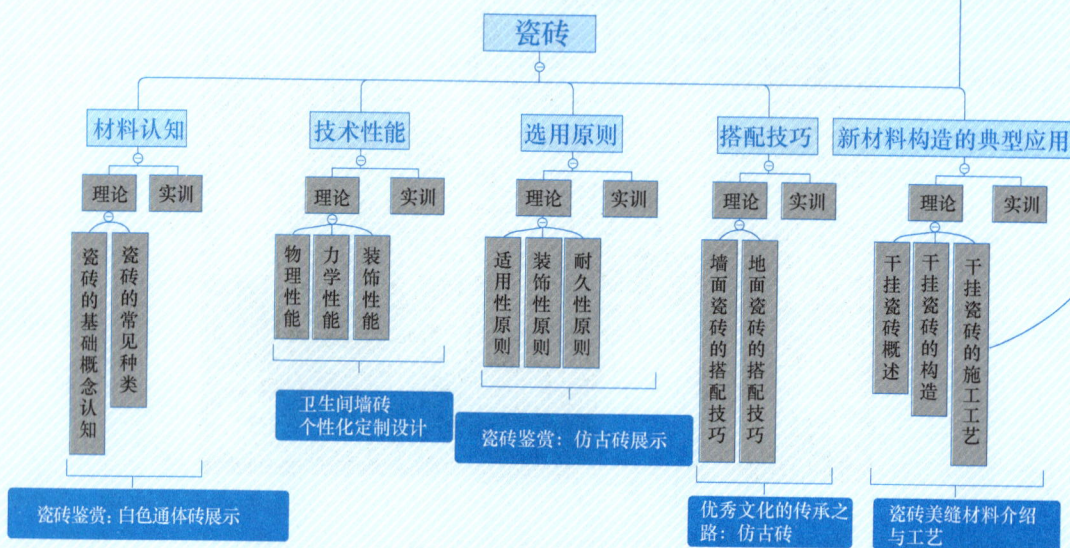

任务 4.1　材料认知

📋【课前导入】

　　山东省博物馆是中华人民共和国成立后建立的第一座省级综合性地志博物馆，成立于1954年。该馆馆藏历史文物14万余件，包含甲骨、商周青铜器、历代石刻、书画及善本图书等丰富的珍藏。在博物馆室内地面铺贴瓷砖，可以满足防滑的功能性要求，还颇具美观价值。接下来我们通过欣赏山东省博物馆项目案例，一起了解瓷砖的基本内涵。

4-1-1
山东省博物馆
项目案例

✏️【建议学时】1学时

⊞【教学目标】

知识目标	1. 了解瓷砖的定义； 2. 熟悉瓷砖的种类； 3. 掌握不同瓷砖品种的基本特征
能力目标	1. 通过听、看、摸等方法识别瓷砖的种类名称； 2. 对瓷砖的初步认知能力
素养目标	1. 通过学习瓷砖的种类，培养对瓷砖品种的认识； 2. 通过比较不同种类的瓷砖的特征的区别，培养钻研精神
思政元素	鼓励踏实肯干的实践精神，坚持勇于探索的科研精神

4-1-2
瓷砖的
材料认知

4.1.1　瓷砖的基础概念认知

瓷砖是以耐火的金属氧化物及半金属氧化物，经由研磨、混合、压制、施釉、烧结等过程，而形成的一种耐酸碱的瓷质或石质等建筑或装饰材料。其原材料多由黏土、石英砂等组成，有很高的硬度。

4.1.2　瓷砖的常见种类

1.抛光砖

抛光砖是用黏土和石材的粉末经压机压制，然后烧制而成，正面和反面色泽一致，不上釉料。烧好后，表面再经过抛光处理，使正面光滑、美观，而背面则是砖的本来面目。

优点：经过抛光工艺处理，原本的石材被打磨的光亮、洁净，更加通透，尤如镜面。使用抛光砖能够让整个空间看起来更加明亮。

缺点：抛光砖因为表面光滑，所以防滑效果差，这也是为什么大厦里面一般楼梯等处铺设的石材都没有抛成亮光，而是亚光，这样才能达到防滑的效果。质量差的抛光砖容易渗入液体，不易擦拭。如图 4-1-1 所示。

2.玻化砖

玻化砖跟抛光砖类似，但是制作要求更高。

优点：玻化砖是强化的抛光砖，表面一般不再需要抛光处理就已经很亮了，能够在一定程度解决抛光砖容易脏的问题。

缺点：抛光砖和玻化砖因为表面光亮、漂亮，同时耐磨性高，但是存在色泽单一、易脏、不防滑和容易渗入有颜色液体等缺点，这两种砖主要用于客厅、门庭等，很少用于卫生间、厨房等多水的地方。如图 4-1-2 所示。

图 4-1-1　抛光砖

图 4-1-2　玻化砖

3.釉面砖

釉面砖是砖的表面经过施釉，高温、高压烧制处理的瓷砖，主体又分陶土和瓷土两种，陶土烧制出来的背面呈红色，瓷土烧制的背面呈灰白色。目前，大部分消费者选择此砖为家庭装修地面装饰材料。

优点：釉面砖表面可以做各种图案和花纹，比抛光砖色彩和图案丰富，因为表面是釉料，所以耐磨性不如抛光砖。

缺点：热胀冷缩容易产生龟裂，坯体密度过于疏松时，污水会渗透表面。如图 4-1-3 所示。

4. 仿古砖

仿古砖是从国外引进的，实质上是上釉的瓷质砖。仿古砖属于普通瓷砖，所谓"仿古"，是指砖的效果，应该叫"仿古效果的瓷砖"。

优点：仿古砖并不难清洁。经数千吨液压机压制后，再经过上千度高温的烧结，使其强度增高，且具有极强的耐磨性。仿古砖兼具了防水、防滑、耐腐蚀的特性。仿古砖通过样式、颜色、图案仿造以往的样式做旧，营造出怀旧的氛围，带着古典的独特韵味吸引着人们的目光，体现岁月的沧桑、历史的厚重。

缺点：防污能力较抛光砖稍差。如图 4-1-4 所示。

图 4-1-3　釉面砖

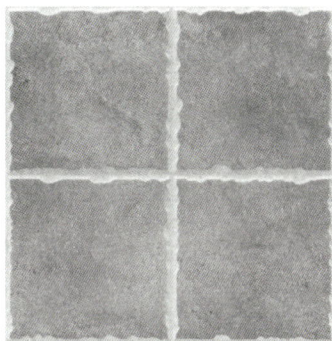

图 4-1-4　仿古砖

5. 通体砖

通体砖是一种不上釉的瓷质砖，其正面和反面的材质和色泽一致，有很好的防滑性和耐磨性。我们平常所说的"防滑砖"大部分都是通体砖，适用范围被广泛使用于厅堂、过道和室外走道等地面，一般较少使用于墙面。

优点：样式古朴，价格实惠，吸水率低，其坚硬耐磨防滑的特性尤其适合阳台、露台等区域铺设。表面抛光后坚硬度可与石材相比。

缺点：通体砖是一种耐磨砖，虽然现在还有渗花通体砖等品种，但其花色比不上釉面砖。购买前需要进行防滑测试。如图 4-1-5 所示。

6. 马赛克

马赛克是一种特殊存在方式的砖，它一般由数十个小块的砖组成一个相对的大砖，主要分为陶瓷马赛克、大理石马赛克、玻璃马赛克。因其小巧玲珑、色

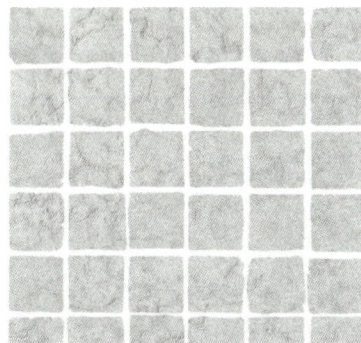

图 4-1-5　通体砖

彩斑斓被广泛适用于室内小面积地面、墙面和室外墙面和地面。

优点：耐酸、耐碱、耐磨，抗压力强，不易破碎。色调柔和、朴实、典雅、美观大方、化学稳定性、冷热稳定性好，不易变色、积尘、渗水，密度轻、粘结牢。

缺点：马赛克缝隙太多，容易脏难清洗，厨房应尽量避免用马赛克。如图 4-1-6 所示。

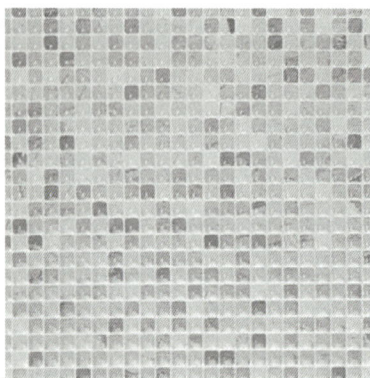

图 4-1-6　马赛克

📖 课程思政案例

案例名称	瓷砖鉴赏——白色系通体砖展示
案例意义	以白色系通体砖为例，了解通体砖的特点
案例描述	瓷砖是以耐火的金属氧化物及半金属氧化物，经由研磨、混合、压制、施釉、烧结等过程，而形成的一种耐酸碱的瓷质或石质等材料，通体砖不上釉，其防滑性和耐磨性很好
案例实施	扫码观看案例 4-1-3 瓷砖鉴赏—— 白色系通体砖 展示

📖 学生任务单

项目名称	瓷砖的材料认知		
学生姓名		班级学号	
课前任务			
自学阐述			

理论认知	重点内容	
	难点标注	
技能实训	基本信息	"瓷砖"市场调研
	实训任务	学生能够了解和熟悉瓷砖在建筑装饰中的应用类别和特性
	准备工作	1. 邀请瓷砖的企业专家； 2. 企业专家开办讲座，并且携带展示不同种类的瓷砖样品； 3. 确定讲座会场场地
	实训要求	1. 以小组为单位开展工作； 2. 学生安静入座，讲座期间不可大声喧哗，保证会场秩序； 3. 在讲座前，学生应该了解瓷砖的基本情况，在讲座期间做好拍照、摄像、笔记等记录工作
课后反思	不足之处	
	思政领悟	
	教师评价	
	导师评价	

注：评分标准及评分表详见附录。

任务 4.2 技术性能

📋【课前导入】

上节课我们学习了瓷砖的定义，并且详细了解了最常见的 6 种瓷砖类别的基本特性，丰富多彩的瓷砖是建筑装饰材料的重要组成部分。选用瓷砖而非其他建筑材料，是由于瓷砖所特定的技术性能所决定的，接下来我们就一起学习瓷砖的物理性能、力学性能以及装饰性能。

📝【建议学时】1 学时

🔲【教学目标】

知识目标	1. 了解瓷砖的技术性能的重要指标分类； 2. 熟悉瓷砖的物理性能； 3. 熟知瓷砖的力学性能； 4. 掌握瓷砖的装饰性能
能力目标	1. 通过实验操作检测瓷砖的物理性能； 2. 通过实验操作检测瓷砖的力学性能； 3. 从审美角度评价瓷砖的装饰性能
素养目标	1. 通过实验操作和实训演练等活动，渗透劳动素养教育； 2. 培养审美意识； 3. 通过综合评价不同品种瓷砖的各项技术性能指标，培养逻辑思维
思政元素	取其精华，去其糟粕，传承中华民族优秀的传统文化

4.2.1 瓷砖的物理性能

1. 吸水率

瓷砖的吸水率是指瓷砖的开气孔吸满水后，吸入水的重量占据瓷砖总重量的百分比。将水倒在瓷砖背面，看水的扩散速度，内墙砖扩散迅速，说明吸水率高；玻化地砖基本不扩散、不渗入，吸水率低。如图 4-2-1 所示。

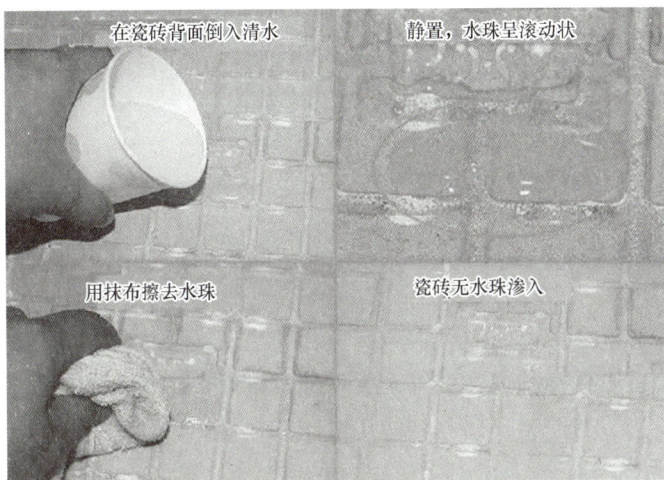

图 4-2-1　检测瓷砖吸水率的方法

2. 耐磨性

瓷砖的耐磨性等于试样磨前质量与磨后质量之差除以受磨面积，以材料在规定摩擦条件下的磨损率或磨损度的倒数来表示。

3. 防滑性

瓷砖的防滑性主要由摩擦系数决定。

4. 光泽度

光泽度是衡量抛光砖烧结程度的参考指标之一，光泽度越高，烧结致密性越好。

4.2.2 瓷砖的力学性能

1. 破坏强度

当厚度 ≥ 7.5mm 时，破坏强度平均值不小于 600N；

当厚度 < 7.5mm 时，破坏强度平均值不小于 200N。

2. 断裂模数

断裂模数（适用于破坏强度小于 3000N 的砖）：瓷砖的断裂模数平均值不小于 15MPa。瓷砖的构造如图 4-2-2 所示。

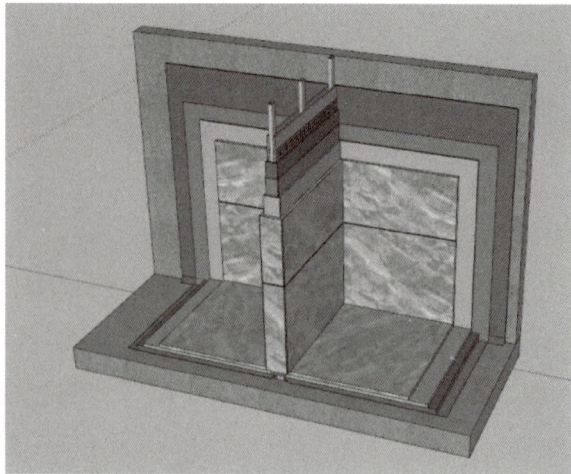

图 4-2-2　瓷砖节点构造示意图

4.2.3　瓷砖的装饰性能

1. 古典风格

随着古典美越来越受到人们的尊崇，复古瓷砖也应运而生。复古瓷砖的釉面通常处理的凹凸不平，刻意做出斑驳的岁月痕迹来展现温润的触感。仿石纹、木纹的瓷砖，在古朴中展现着韵味深长的境界，塑造出独特的历史感和自然感。如图 4-2-3 所示。

图 4-2-3　古典风格瓷砖

2. 新古典风格

新古典主义风格的瓷砖，不仅体现着复古的浪漫情怀，还蕴含着现代人的生活态度，其精细的石材质感、典雅的气质以及优秀的品质总能给人一种十分柔和自然的感觉，同时又拥有着流畅惬意的视觉效果。如图 4-2-4 所示。

图 4-2-4　新古典风格瓷砖

3.现代风格

现代风格瓷砖满足现代都市人的需求，紧跟时尚潮流的步伐，其突破了传统瓷砖规格的局限，颜色方面也更趋向于米色、淡黄色、咖啡色、浅红色、胡桃木色等更为柔和的色彩。如图 4-2-5 所示。

图 4-2-5　现代风格瓷砖

📖 课程思政案例

案例名称	卫生间墙砖个性化定制设计
案例意义	通过学习卫生间墙砖个性化设计方法，培养学生钻研精神
案例描述	花砖通过色彩与质感之间的搭配，汲取和重塑东方元素对空间设计的表现力量，从瓷砖的质感、纹路、肌理等向设计美学延展，用现代语言来表达建筑装饰之神韵
案例实施	扫码观看案例 4-2-2 卫生间墙砖 个性化定制设计

📖 学生任务单

项目名称		瓷砖的技术性能	
学生姓名		班级学号	
课前任务			
自学阐述			
理论认知	重点内容		
	难点标注		
技能实训	基本信息	瓷砖的技术性能测评	
	实训任务	学生可以自主通过实验评测某一特定瓷砖的物理性能、力学性能，小组之间形成对照组实验，比较不同瓷砖的技术性能的差异性，从审美角度评价瓷砖的装饰性能	
	准备工作	1. 准备不同种类的瓷砖的样品； 2. 准备测评实验的实验工具	
	实训要求	1. 以小组为单位开展工作； 2. 学生在实验过程中注意安全，保持秩序； 3. 学生在实验过程中应及时做好实验笔记	
课后反思	不足之处		
	思政领悟		
	教师评价		
	导师评价		

注：评分标准及评分表详见附录。

任务 4.3　选 用 原 则

📋【课前导入】

我们在将瓷砖应用到室内外建筑装饰工程时，需要选用最佳的规格、类别以及样式，要遵循一定的选用原则，接下来我们就一起学习了解一下在选用瓷砖时需要遵循的适用性原则、装饰性原则以及耐久性原则的具体含义。

📝【建议学时】2 学时

🎯【教学目标】

知识目标	1.了解瓷砖选用的适用性原则； 2.熟悉瓷砖选用的装饰性原则； 3.掌握瓷砖选用的耐久性原则
能力目标	1.根据瓷砖选用的适用性原则，选择适合不同空间的瓷砖品种； 2.根据瓷砖选用的装饰性原则，选择与整体装饰风格协调统一的瓷砖款式； 3.根据瓷砖选用的耐久性原则，检查瓷砖质量的优劣
素养目标	1.培养学生的艺术审美水平； 2.培养学生经济实用意识； 3.培养学生的求真务实作风
思政元素	培养去伪存真、求真务实的大国匠心精神

📖 知识与技能

　　瓷砖主要包括抛光砖、玻化砖、釉面砖、仿古砖、通体砖以及马赛克等种类，具备不同的特性，由于不同种类和品种的瓷砖适用于不同的装饰空间、位置以及装饰风格，因此在选用瓷砖时，首先运用适用性原则选择适合该空间的瓷砖品种；然后运用装饰性原则，结合整体建筑装饰风格，选用瓷砖的款式、色彩、规格以及纹理等；最后运用耐久性原则，检查瓷砖的生产和加工的质量，即检查瓷砖的工艺性能。

4-3-1
瓷砖尺寸的
选择方法

4.3.1　适用性原则

1. 客厅及公共区域

　　尺寸：600mm×600mm、800mm×800mm、900mm×900mm、600mm×1200mm、900mm×1200mm 等。

　　耐磨：抛光砖、玻化砖。

　　防滑：仿古砖、木纹砖。

　　耐脏：花砖、仿大理石砖。如图 4-3-1 所示。

2. 卧室

　　尺寸：400mm×400mm、600mm×600mm、900mm×900mm、600mm×1200mm 等。

　　地砖：仿木纹砖、仿古砖、通体砖等。

　　铺贴地暖需要考虑导热性。如图 4-3-2 所示。

图 4-3-1　客厅抛光砖

图 4-3-2　卧室仿木纹砖

3. 厨房

　　尺寸：300mm×600mm、300mm×300mm，异形砖等。

　　墙砖：吸水率低的釉面砖（抗油污）。

　　地砖：花砖、仿古砖（哑光）。如图 4-3-3 所示。

4. 卫生间

　　尺寸：200mm×200mm、300mm×300mm、400mm×400mm、300mm×600mm，异形

新编建筑装饰材料

砖等。

墙砖：釉面砖、马赛克、玻化砖等。

地砖：花砖、仿古砖等。

防水：吸水率越低的瓷砖越好。如图 4-3-4 所示。

图 4-3-3　厨房墙地砖

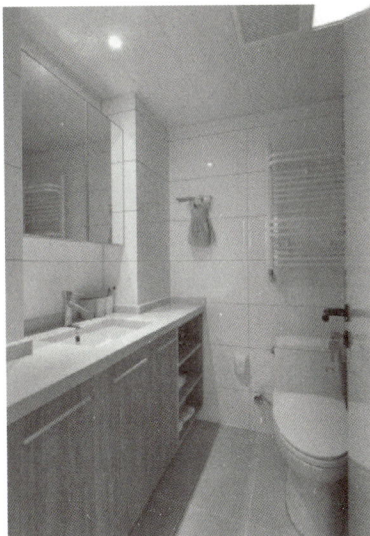

图 4-3-4　卫生间墙地砖

5. 阳台

尺寸：150mm×150mm、200mm×200mm、300mm×300mm、400mm×400mm，异形等。

地砖：花砖、木纹砖、仿古砖、木纹砖等。

防水：吸水率越低的瓷砖越好。如图 4-3-5 所示。

图 4-3-5　阳台瓷砖

4.3.2　装饰性原则

瓷砖的装饰效果需要与整个空间的风格一致，因此对于不同的空间风格，所选用瓷砖的色彩、纹理、规格也会有所区别。

1. 现代简约风格

现代简约风格表现的简约而不简单，在细节上不做过于烦琐的修饰。时尚而不失典雅，将空间装饰的深沉、雅致又不失灵性。给人一种简洁、明亮、大气、一气呵成的感觉。

选用瓷砖类型：米色系抛光砖。如图4-3-6所示。

图4-3-6　现代简约风格瓷砖

2. 新古典主义风格

新古典主义既保存了欧式风格的典雅端庄、传统文化所崇尚的艺术规律，又与新的意识形态结合，成就了化繁为简的新风格意识。注入新概念、新材质、新工艺，区别于传统装饰主义的华丽，更重视实用典雅品位。

选用瓷砖类型：全抛砖（米黄色、灰色、白色搭配）。客餐厅地面可以走拼花波导线，以增加装饰效果。如图4-3-7所示。

图4-3-7　新古典主义风格瓷砖

3. 新中式风格

新中式风格是指将中国古典建筑元素提炼并融合到现代人的生活和审美习惯的一种装饰风格，让古典元素更具有简练、大气、时尚等现代元素。让现代家居装饰更具有中国文化韵味，体现中国优秀传统家居文化的独特魅力。

选用瓷砖类型：深灰色仿古砖。如图 4-3-8 所示。

图 4-3-8　新中式风格瓷砖

4. 简欧风格

简欧风格将怀古的浪漫情怀与现代人对生活的需求相结合，兼容华贵典雅与现代时尚，反映出当代艺术的理性情感与文化意境。简欧风格不仅豪华大气，而且惬意和浪漫。通过完美的曲线、精益求精的细节处理，展现欧式风格的最高境界——和谐。

选用瓷砖类型：米黄色全抛砖。客厅、餐厅地面瓷砖铺贴可用拼花波导线。如图 4-3-9 所示。

图 4-3-9　简欧风格瓷砖

4.3.3　耐久性原则

耐久性原则就是检查瓷砖的质量，其方法有哪些呢？

1. 查验标签

产品包装箱上应有厂名、厂址、产品名称、售后服务电话、规格、数量、商标、生产日期和所执行的标准。室内设计装饰装修的瓷砖，宜选择放射性核素符合 A 类要求的产品。

2. 细看外观

质量好的瓷砖釉面应平滑、细腻，光泽釉晶莹亮泽，亚光釉柔和舒适。在充足的自然光线或荧光灯照射下，将砖放在 1m 处垂直观察，应看不到明显的釉面缺陷。有花纹的砖花色图案应细腻、逼真，没有明显的缺色、断线、错位等缺陷。质量上乘的陶瓷产品背面的底纹、商标等清晰、完整，少有釉迹或缺损。

3. 拼接效果

好的瓷砖尺寸偏差较小，将一批产品垂直放在一个平面上，观察有没有参差不齐的现象；再看平整程度，可将两块砖的边紧靠在一起，观察有没有缝隙；好的产品变形小，铺贴后砖面平整美观；看产品的色差，拿几块砖拼放在一起，在充足的光线下仔细查看，产品之间色调深浅不一的产品，铺贴后整体效果欠佳。

4. 敲击听音

轻轻敲击瓷砖，细听其声音，质量好的产品听上去清脆悦耳；质量差的产品因原料配方不当，烧成周期短、温度低，敲击时会发出"空空"之声。

5. 掂量轻重

掂一掂瓷砖的重量，一般来讲，相同规格的瓷砖，重量大的吸水率低，内在质量也较好。

6. 对比品种

地砖按照釉面状况，分为有釉地砖和无釉地砖。有釉地砖主要用于卫生间、厨房的地面装饰，与内墙砖配套使用。

地砖大多经过表面抛光处理，成为抛光砖。当抛光砖的吸水率小于 0.1% 时，也称为玻化砖。玻化砖的表面光洁如镜，是高档的陶瓷产品。

7. 瓷砖边角

在铺装瓷砖时，很多消费者和工人都遇到"边角难以对齐"的难题，这说明瓷砖的平直度可能不太过关。可在挑选瓷砖时，随机挑选几块，用目光沿瓷砖的边线和对角线分别打量，如果发现有"翘边"现象，就说明瓷砖的平直度不够，反之说明瓷砖的平直度基本过关，这是选购瓷砖的一个小窍门。

📖 课程思政案例

案例名称	瓷砖鉴赏——仿古砖展示
案例意义	通过学习仿古砖感受仿古瓷砖承载的优秀传统文化
案例描述	仿古砖有着历史厚重感，可以应用在新中式风格等多种风格建筑室内空间中，仿古砖既有传统的文化底蕴，又有现代简约时尚的气息
案例实施	扫码观看案例 4-3-2 瓷砖鉴赏—— 仿古砖展示

📖 学生任务单

项目名称		瓷砖的选用原则	
学生姓名		班级学号	
课前任务			
自学阐述			
理论认知	重点内容		
	难点标注		
技能实训	基本信息	瓷砖选用原则的应用	
	实训任务	能够根据拟定的客户需求，为客厅、卧室、厨房、阳台、卫生间分别选用同时兼具装饰性、耐久性和适用性的瓷砖	
	准备工作	1.拟定客户需求； 2.确定瓷砖商家	
	实训要求	1.以小组为单位开展工作； 2.学生在选用瓷砖品种时，保持安静，不得影响卖场的正常运营； 3.学生在实训过程中做好记录	
课后反思	不足之处		
	思政领悟		
	教师评价		
	导师评价		

注：评分标准及评分表详见附录。

【课前导入】

　　充分遵循适用性原则、装饰性原则以及耐久性原则，有利于我们选择出瓷砖的规格、类别和样式，之后就需要采取一定的搭配技巧，将选用的瓷砖运用到室内外建筑装饰工程中，具体有哪些搭配技巧呢？我们一起来了解和学习。

【建议学时】2 学时

【教学目标】

知识目标	1. 了解地面瓷砖的搭配技巧； 2. 熟悉墙面瓷砖的搭配技巧
能力目标	1. 能够根据业主需求以及整体装饰风格，设计地面瓷砖搭配方案； 2. 能够根据业主需求以及整体装饰风格，设计墙面瓷砖搭配方案
素养目标	1. 通过设计瓷砖搭配方案，培养审美意识； 2. 通过设计多种瓷砖搭配方案，培养创新思维
思政元素	通过多种装饰风格对比，传承优秀的传统文化

4.4.1 墙面瓷砖的搭配技巧

1. 客厅背景墙瓷砖

（1）色彩

客厅背景墙一般是现代简约风格，整体空间色调为黑白灰，所以在
选择客厅背景墙瓷砖时，尽量选择灰色系或者白色系瓷砖，使空间整体风格更加简约、大
气。除此之外，为了凸显瓷砖的装饰效果，应该将与瓷砖相邻墙面以及地面色系有所区分，
体现空间的丰富性。

（2）规格

应用于客厅背景墙的瓷砖一般为 900mm×1200mm 或者 900mm×1800mm 的长形大
规格瓷砖，竖向排列，更显简约大气。

（3）纹理

客厅背景墙瓷砖的纹理通常选用仿大理石纹理或者仿木纹纹理，更具现代时尚感。如
图 4-4-1 所示。

图 4-4-1　客厅背景墙瓷砖

2. 厨房墙面瓷砖

厨房墙面瓷砖要与橱柜、地砖的搭配协调统一。主要的集中搭配方案如下：

（1）浅色抛釉砖 + 任何颜色橱柜

由于厨房油烟较多，所以应该考虑选择防油烟和便于清洁的瓷砖，浅色抛釉砖就是不
错的选择。选择一个浅色系的瓷砖能让厨房的空间看上去更敞亮，且非常好搭配，选择橱
柜颜色时较为自由。

（2）灰色亚光砖 + 白色橱柜

灰色亚光砖装饰在厨房中，第一眼看上去就让人感觉非常的大气。这种颜色的瓷砖是
当下非常流行的颜色，且不易过时，与白色橱柜进行搭配尽显干净、整洁。灰色的瓷砖也

比较耐脏。

（3）小白砖＋湖水蓝橱柜

小白砖装饰在厨房中，体现出来一种干净的文艺范，这样的厨房让人感觉更加舒服，不像是来厨房做饭，而更像是来厨房享受这片宁静，所以做饭也会成为一种享受。小白砖分为方格小砖和长方形小砖，可以根据厨房面积大小以及业主的喜好去选择。如图4-4-2所示。

（4）仿大理石瓷砖＋原木色橱柜

仿大理石瓷砖的装饰效果非常时尚，搭配原木色橱柜使厨房显得很大气、高端，适合大空间的厨房。

（5）仿古小花砖＋白色橱柜

在厨房当中贴上小花砖的设计，会让厨房给人眼前一亮和个性时尚的感觉。使用时，可以是局部搭配，也可以是整面墙的铺设。

3. 卫生间墙面瓷砖

（1）色彩搭配

图 4-4-2　小白砖＋湖水蓝橱柜

首先在颜色搭配方面一定要协调，不能够太过跳色，一般卫生间的搭配，以素雅为主。如果喜欢鲜艳一点儿的颜色也可以，但是切记不要把两种不同的色系，用得太过分杂，让人看着眼花缭乱。最好能够使用同种色系的颜色，搭配的和谐一点儿，如黄色和绿色搭配，而不要绿色和玫红色搭配，这样会让卫生间整体看起来很乱，如果一个比较整洁的一个家居环境，但是颜色特别杂乱，使用感会没有想象中那么好。

由于大部分卫生间的采光都相对较差，甚至没有采光，所以建议使用配色明亮大气一点的颜色，而不要使用太过暗沉的颜色。

（2）造型搭配

与厨房墙面相比，卫生间更加注重装饰效果，一般会有4种搭配方案：1）上浅下深，分别选择同一纹理的浅色砖与深色砖进行搭配，可以给墙面增加上下拉伸的感觉；2）增加腰线，腰线可以起到画龙点睛的效果，但是要注意腰线的位置以及宽度；3）淋浴区仿古小花砖，如果卫生间设置了干湿分离，给淋浴区设计一面小花砖，增加复古风情；4）卫生间可以用美缝取代填缝，能增加墙面瓷砖铺贴的精致度。

4.4.2　地面瓷砖的搭配技巧

1. 客厅地面瓷砖

对于那些空间面积比较小的或者采光较差的客厅来说，最好选择冷色调瓷砖，这样不仅会使人在视觉上感到舒适，同时还有一定扩大空间视觉效果的作用。

对于那些面积相对比较宽敞的客厅来说，采用暖色调瓷砖可以让客厅呈现出更加温馨的家居氛围，尤其是米黄色、咖啡色、橙色等这类颜色。红色、黄色这种纯粹的亮色就不太适合客厅，因为这些颜色容易让人心情烦躁。

黑色、白色、灰色是我们客厅地砖中常见的颜色：白色地砖可让客厅变得更加明亮通透，易与客厅中其他颜色进行搭配；灰色地砖充满着艺术气息，深受许多家装设计师的喜爱，可让客厅显得更具优雅；黑色地砖可以用来点缀，让客厅更具空间装饰感。

2. 厨房地面瓷砖

无论是厨房还是阳台地面瓷砖，在保证防滑的要求之上，应尽量选择与客厅地砖类似或者相同的瓷砖。如果厨房或者阳台空间较小，可以将客厅地面瓷砖进行裁切后再铺贴。

3. 卫生间地面瓷砖

卫生间地面瓷砖在搭配时，可选择深色系的仿古瓷砖，其规格可为 400mm×400mm 或者 300mm×300mm 的小方砖。小规格的地砖在铺贴时更加有利于找坡，便于排水。如图 4-4-3 所示。

图 4-4-3　卫生间地面瓷砖

🔷 课程思政案例

案例名称	优秀文化的传承之路——仿古砖
案例意义	通过鉴赏仿古砖的瓷砖艺术，认识瓷砖文化的传承之路
案例描述	仿古砖的古朴色彩，来自于大自然灵感的大地色系，颇受青年人的青睐。淳厚之感沉淀了整个空间，使设计更具感染力。仿古砖的色泽、触感等艺术语言传递了建筑装饰之美
案例实施	扫码观看案例 4-4-2 优秀文化的 传承之路—— 仿古砖

📘 学生任务单

项目名称	瓷砖的搭配技巧	
学生姓名		班级学号	
课前任务		
自学阐述		
理论认知	重点内容	
	难点标注	
技能实训	基本信息	瓷砖的搭配技巧
	实训任务	能够根据业主需求以及住宅项目现场情况，绘制客厅、厨房、卫生间的墙地砖的搭配效果图
	准备工作	1. 确定住宅空间项目； 2. 安装有 CAD 以及 3Dmax 软件的机房
	实训要求	1. 与业主交流时，要尊重业主，不过度询问业主隐私问题； 2. 勘测住宅项目时，应注意保持现场环境卫生、安静； 3. 在机房进行绘图实训时，注意保持安静
课后反思	不足之处	
	思政领悟	
	教师评价	
	导师评价	

注：评分标准及评分表详见附录。

新编建筑装饰材料

任务 4.5　新材料构造的典型应用

📰【课前导入】

　　通过学习本项目前 4 个任务的知识与技能，大家已经对瓷砖的基本内涵、技术性能、选用原则和搭配技巧有了一定的了解，这是前期设计的重要基础。设计的落地离不开的精益求精的施工工艺，随着时代进步，瓷砖铺贴工程领域也出现了诸多新材料和新工艺，干挂瓷砖就是典型的新工艺之一，接下来我们就一起来具体了解和学习干挂瓷砖的构造与施工工艺。

📝【建议学时】2 学时

🎞【教学目标】

知识目标	1. 了解干挂瓷砖的构造节点； 2. 掌握干挂瓷砖的施工工艺
能力目标	1. 能够绘制干挂瓷砖的施工节点图； 2. 能够现场实操干挂瓷砖的施工工艺
素养目标	1. 通过绘制干挂瓷砖的施工节点图，培养踏实勤劳的职业素养； 2. 通过现场实操干挂瓷砖的施工工艺，培养精益求精的工匠精神
思政元素	培养踏实勤劳的职业素养、发扬精益求精的工匠精神

4.5.1 干挂瓷砖概述

砖铺贴主要分为湿贴和干挂两种。其中，干挂主要适用于大规格瓷砖铺贴上墙，尤其适用于大规格瓷砖外墙干挂铺贴，采用干挂方式铺贴的瓷砖不管是效果还是稳定性，都优胜于传统的湿贴瓷砖。如图 4-5-1 所示。

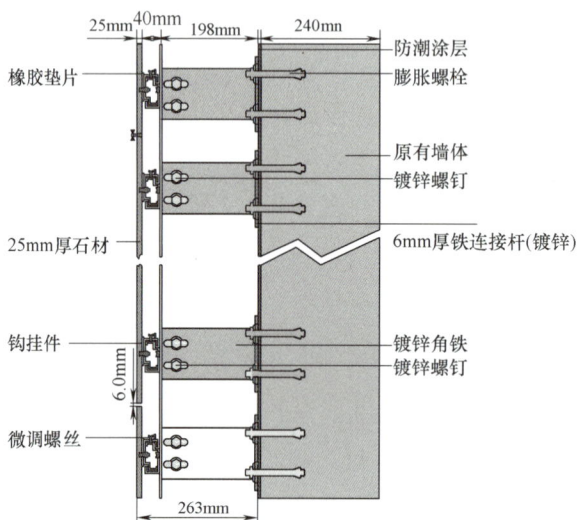

图 4-5-1 干挂瓷砖构造示意图

4.5.2 干挂瓷砖的构造

1. 识图

运用 AR 虚拟仿真识图软件理解干挂瓷砖的构造。

2. 绘图

运用 CAD 绘图工具绘制干挂瓷砖节点构造详图。

4.5.3 干挂瓷砖的施工工艺

1. 准备瓷砖

首先用比色法对瓷砖的颜色进行挑选分类，使安装在同一面上的瓷砖的颜色保持一致，并根据设计尺寸和图纸的要求，将专用模具固定在台钻上，对石材进行打孔；随后在石材背面刷不饱和树脂胶，在刷第一遍胶前，先把编号写在瓷砖上，并将瓷砖上的灰尘及杂质清除干净。

2. 墙面分格放线及安装骨架

首先清理干挂瓷砖部位的结构表面，然后将骨架的位置弹线到主体结构上，放线工作根据轴线及标高点进行。用经纬仪控制垂直度，用水准仪测定水平线，并将其标注到墙上。

一般先弹出竖向杆件的位置，确定竖向杆件的锚固点，待竖向杆件布置完毕，再将横向杆件位置弹在竖向杆件上。

3. 安装瓷砖

钻孔开槽，固定锚固件。先在石板的两端开槽钻孔，孔中心距板端 80 ～ 100mm，孔深 20 ～ 25mm，然后在墙面相应位置钻直径 8 ～ 10mm 的孔，将不锈钢膨胀螺栓的一端插入孔中固定好，另一端挂好锚固件。

4. 装置瓷砖底层板

先根据固定在墙上的不锈钢锚固件方位，装置底层瓷砖。正式挂砖前，应适当调整砖的缝宽及不锈钢挂榫方位。若砖面上口不平整，可通过在砖底较低一端的不锈钢挂榫下垫相应的双股铜丝垫进行调整。调整笔直度时，可调整砖面上口的不锈钢挂榫距墙的空地间隙，直至砖面笔直，拧紧螺栓固定不锈钢挂榫。

5. 装置上行板

先往下一行板的背板槽内注入嵌固胶，擦净剩余胶液后，将上一行瓷砖依照装置底层板的办法就位。查看装置质量后，最后再进行固定。

📘 课程思政案例

案例名称	瓷砖美缝材料介绍与工艺
案例意义	通过学习瓷砖美缝材料构造与施工细节，渗透精益求精的工匠精神，培养学生踏实勤劳的劳动精神
案例描述	通过观看瓷砖美缝施工工艺的过程视频介绍，帮助学生树立踏实肯干的劳动意识，培养精益求精的匠心精神
案例实施	扫码观看案例 4-5-2 瓷砖美缝材料介绍与工艺

📖 学生任务单

项目名称		瓷砖——新材料构造的典型应用	
学生姓名		班级学号	
课前任务			
自学阐述			

理论认知	重点内容	
	难点标注	
技能实训	基本信息	干挂瓷砖的构造与施工工艺
	实训任务	1. 掌握干挂瓷砖的节点构造； 2. 熟悉干挂瓷砖的施工工艺
	准备工作	1. 安装完成识图软件； 2. 准备瓷砖干挂的节点图纸； 3. 安装有 CAD 绘图软件的机房； 4. 可以进行干挂瓷砖施工的实训基地
	实训要求	1. 在机房进行绘图实训时，注意保持安静； 2. 遵守实训室的纪律
课后反思	不足之处	
	思政领悟	
	教师评价	
	导师评价	

注：评分标准及评分表详见附录。

项目 5
玻璃

任务 5.1　材料认知
任务 5.2　技术性能
任务 5.3　选用原则
任务 5.4　搭配技巧
任务 5.5　新材料构造的典型应用

思维导图

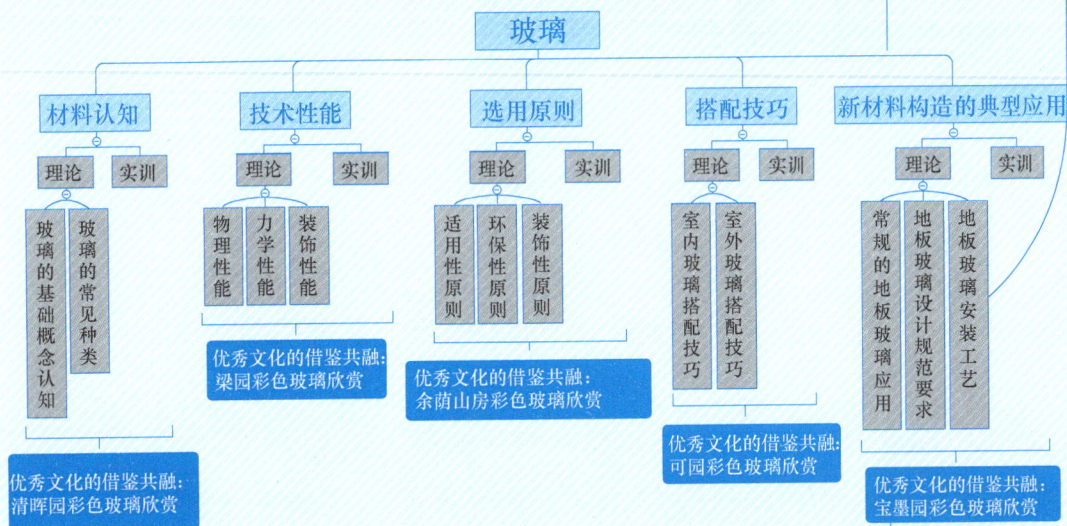

📖【课前导入】

　　中国最高的建筑——上海中心大厦总高632m，它融合了中国的自然环境和文化底蕴，将上海这座传统城市的丰富内涵以垂直的形态重新诠释。上海中心大厦的旋转形体让建筑带有几何规律地缓缓自地面延伸向云端，建筑立面就是玻璃幕墙，接下来我们将欣赏上海中心大厦项目案例，一起了解学习玻璃的基本内涵。

5-1-1
上海中心大厦
项目案例

📝【建议学时】1学时

▦【教学目标】

知识目标	1. 了解玻璃的定义； 2. 熟悉玻璃的种类； 3. 掌握不同玻璃品种的基本特征
能力目标	1. 通过听、看、摸等方法识别玻璃的种类名称； 2. 对玻璃的初步认知能力
素养目标	1. 通过学习玻璃的种类，提升对玻璃的认知水平； 2. 通过比较不同种类的玻璃的特征和区别，培养学生钻研精神
思政元素	坚持绿色发展的理念，优秀文化的借鉴共融

5.1.1 玻璃的基础概念认知

　　玻璃是一种具有无规则结构的非晶态固体，它没有固定的熔点，在物理和力学性能上表现为均质的各向同性。大多数玻璃都是由矿物原料和化工原料经高温熔融，然后急剧冷却而形成的。在形成的过程中，若加入某些辅助原料，如助熔剂、着色剂等可以改善玻璃的某些性能。

5.1.2 玻璃的常见种类

1. 平板玻璃

平板玻璃是建筑工程中应用量比较大的建筑材料之一，它主要包括以下几种：

（1）透明玻璃

一般指平板玻璃，大量用于建筑采光。如图 5-1-1 所示。

（2）不透明玻璃

采用压花、磨砂等方法制成的透光不透视的玻璃。如图 5-1-2 所示。

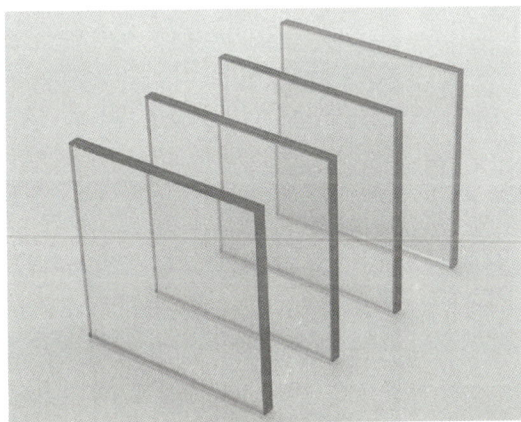

图 5-1-1　透明玻璃

图 5-1-2　不透明玻璃

（3）装饰类玻璃

采用蚀花、压花、着色等方法制成的具有较强装饰性的玻璃。如图 5-1-3 所示。

（4）安全玻璃

将玻璃经过钢化或在玻璃中夹金属丝（网）夹层而成的玻璃。如图 5-1-4 所示。

（5）镜面玻璃

镜面玻璃即镜子，主要用于室内。如图 5-1-5 所示。

图 5-1-3　装饰类玻璃

图 5-1-4　安全玻璃

（6）节能型玻璃

能透射大部分的可见光，并具有吸热、热反射或隔热等性能的玻璃。如图 5-1-6 所示。

图 5-1-5　镜面玻璃

图 5-1-6　节能型玻璃

2. 建筑艺术玻璃

建筑艺术玻璃是指用玻璃制成的具有建筑艺术性的屏风、花饰、扶栏、雕塑以及玻璃锦砖等。

3. 玻璃建筑构件

玻璃建筑构件主要有空心玻璃砖、波形瓦、门、壁板等。如图 5-1-7 所示。

4. 玻璃质绝热、隔声材料

玻璃质绝热、隔声材料主要有泡沫玻璃、玻璃棉毡、玻璃纤维等。如图 5-1-8 所示。

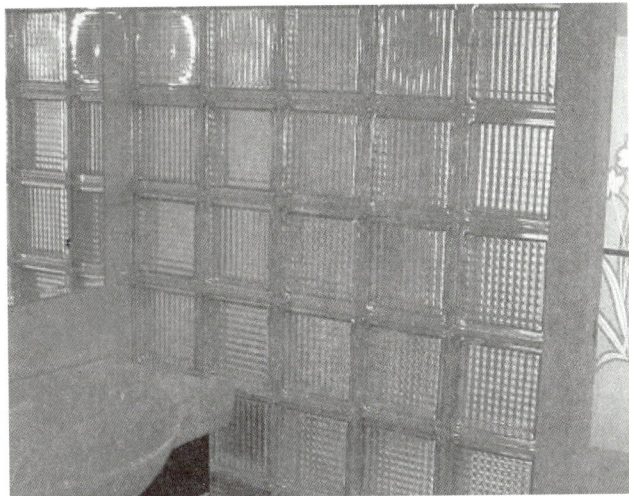

图 5-1-7 建筑玻璃构件

图 5-1-8 玻璃棉板

课程思政案例

案例名称	优秀文化的借鉴共融——清晖园彩色玻璃欣赏
案例意义	通过欣赏彩色玻璃的建筑美感与艺术内涵，培养学生兼收并蓄的学习意识
案例描述	岭南四大名园，也称为广东四大名园，清晖园可谓四大名园之首。园中彩色玻璃的运用手法丰富，图案精美，在彩色玻璃上作画，心思巧妙，灵动至极
案例实施	扫码观看案例 5-1-3 清晖园彩色 玻璃欣赏

学生任务单

项目名称	玻璃的材料认知		
学生姓名		班级学号	
课前任务			
自学阐述			

理论认知	重点内容	
	难点标注	
技能实训	基本信息	"玻璃"市场调研
	实训任务	学生能够熟悉了解玻璃在建筑装饰中的应用类别及其特性
	准备工作	1. 邀请玻璃的企业专家； 2. 企业专家开办讲座，并且携带展示不同种类的玻璃样品； 3. 确定讲座会场场地
	实训要求	1. 以小组为单位开展工作； 2. 学生安静入座，讲座期间不可大声喧哗，保证会场秩序； 3. 在讲座前，学生应该了解该企业的基本情况，在讲座期间做好拍照、摄像、笔记等实训记录工作
课后反思	不足之处	
	思政领悟	
	教师评价	
	导师评价	

注：评分标准及评分表详见附录。

任务 5.2　技 术 性 能

📋【课前导入】

　　上节课我们学习了玻璃的定义，并且详细了解了最常见的平板玻璃、建筑艺术玻璃的基本特性。丰富多彩的玻璃构成了建筑装饰材料的重要组成部分，之所以选用玻璃而非其他建筑材料，是由于玻璃所特定的技术性能所决定的，接下来我们就一起学习玻璃的物理性能、力学性能以及装饰性能。

📝【建议学时】1 学时

🗓【教学目标】

知识目标	1. 熟悉玻璃的物理性能； 2. 熟知玻璃的力学性能； 3. 掌握玻璃的装饰性能
能力目标	1. 通过实验操作检测玻璃的物理性能； 2. 通过实验操作检测玻璃的力学性能； 3. 从审美角度评价玻璃的装饰性能
素养目标	1. 通过实验操作和实训演练等活动，渗透劳动素质教育； 2. 培养审美意识； 3. 通过综合评价不同品种的玻璃的各项技术性能指标，培养逻辑思维
思政元素	坚持走科技创新道路、紧跟核心高新材料发展的步伐

5.2.1　玻璃的物理性能

1. 密度

玻璃内几乎无孔隙，属于致密材料。玻璃的密度不仅与其化学组成关系密切，此外还与温度有一定的关系。在各种实用玻璃中，密度的差别是很大的，例如石英玻璃的密度最小，仅为 2.2g/cm³；而重火石玻璃可达 6.5g/cm³；普通玻璃的密度为 2.5 ～ 2.6g/cm³。

2. 光学性质

玻璃具有良好的光学性质，广泛用于建筑采光和装饰，也可用于光学仪器和日用器皿等。当光线入射玻璃时可发生三种现象：透射、吸收和反射。

玻璃对光的吸收具有选择性，这也是生产各种颜色玻璃的理论依据。玻璃对光的吸收取决于玻璃的厚度和颜色。例如：无色玻璃对可见光几乎不吸收，但强烈吸收红外线和紫外线；各种着色玻璃能透过同色光线而吸收其他色相的光线，因此玻璃呈现此种颜色。

建筑中，不同的用途选择不同性能的玻璃，如用于采光、照明的玻璃，要求透射比更高，一般门窗 3mm 玻璃可见光透射比为 87%，5mm 玻璃的可见光透射比为 84%。用于遮光和隔热的热反射玻璃，要求反射率高；用于隔热、防眩作用的吸热玻璃，要求既能吸收大量的红外线辐射能，同时又能保持良好的透光性。

3. 导热性

玻璃的导热性很小，常温时大体上与陶瓷制品相当，远远低于各种金属材料。但随着温度的升高（尤其在 700℃ 以上时）将增大。另外，导热性还受玻璃的颜色和化学成分的影响。

4. 热膨胀性

玻璃受热膨胀影响，性能变化比较明显。热膨胀系数的大小取决于组成玻璃的化学成分及其纯度，玻璃的纯度越高热膨胀系数越小，不同成分的玻璃热膨胀性差别很大。可以制得与某种金属膨胀性相近的玻璃，以实现玻璃与金属之间紧密封接。

5. 热稳定性

玻璃的热稳定性是指抵抗温度变化而不破坏的能力。玻璃的导热性能差，当玻璃温度急变时，热量不能及时传到整块玻璃上，会因膨胀量不同而产生内应力，当内应力超过玻璃极限强度时，就会造成碎裂。

玻璃抗急热的破坏能力比抗急冷的破坏能力强，这是因为受急热时玻璃表面产生压应力，而受急冷时玻璃表面产生拉应力，玻璃的抗压强度远高于抗拉强度。

5.2.2　玻璃的力学性能

玻璃的力学性质与其化学成分、制品结构和制造工艺有很大关系。另外，玻璃制品中如含有未熔夹杂物、结石、节瘤等瑕疵或具有细微裂纹，都会造成应力集中，从而降低其强度。

1. 抗压强度

玻璃的抗压强度较高，超过一般的金属和天然石材，通常为 600 ～ 1200MPa。其抗压强度值会随着化学组成的不同而变化，二氧化硅含量高的玻璃有较高的抗压强度，钙、钠、钾等氧化物的含量是降低抗压强度的重要因素之一。

2. 抗拉、抗弯强度

玻璃的抗拉强度很小，通常为 40 ～ 80MPa，因此玻璃在冲击力的作用下极易破碎，是典型的脆性材料。抗弯强度也取决于抗拉强度，通常在 40 ～ 80MPa 之间。承受荷载后，制品表面下会产生细微的裂纹，这些裂纹会降低承载能力，随着荷载时间的延长和制品宽度的增大，裂纹对强度的影响加大，使抵抗应力减小，最终导致破坏。用氢氟酸适当处理表面，能消除细微的裂纹，恢复其强度。

5.2.3 玻璃的装饰性能

传统建筑玻璃主要是应用于采光的门窗玻璃，但是随着人们对空间的质量要求的不断提升，玻璃不仅需要满足采光需求，也需要满足保温隔热、隔声环保以及装饰性能，所以就衍生出空心玻璃砖等具有装饰性能的玻璃，不仅节能环保，能将可再生能源——太阳能进行回收利用，符合绿色建筑的施工理念，而且也比传统玻璃更具美观性。

节能装饰型玻璃通常不仅具有令人赏心悦目的外观色彩，而且还具有对光和热的吸收、透射和反射能力，用作建筑物的外墙窗玻璃或制作玻璃幕墙，可以起到显著的节能效果，现已被广泛地应用于各种高级建筑物。

💙 课程思政案例

案例名称	优秀文化的借鉴共融——梁园彩色玻璃欣赏
案例意义	通过欣赏彩色玻璃的艺术美感，培养学生传承优秀传统文化的意识
案例描述	梁园，位于广东佛山禅城，岭南四大名园之一。梁园彩色玻璃的运用，图案别致、制作精美、色彩丰富，与花朵造型结合，呈现出别具匠心的美感
案例实施	扫码观看案例 5-2-1 梁园彩色玻璃欣赏

项目名称		玻璃的技术性能	
学生姓名		班级学号	
课前任务			
自学阐述			
理论认知	重点内容		
	难点标注		
技能实训	基本信息	玻璃的技术性能测评	
	实训任务	学生可以自主通过实验评测某一特定玻璃的物理性能、力学性能，并且小组之间形成对照组实验，比较不同玻璃的技术性能的差异性，并且从审美角度评价玻璃的装饰性能	
	准备工作	1. 准备不同种类的玻璃的样品； 2. 准备测评实验的实验工具	
	实训要求	1. 以小组为单位开展工作； 2. 学生在实验过程中保持秩序； 3. 学生在实验过程中应及时做好实验笔记	
课后反思	不足之处		
	思政领悟		
	教师评价		
	导师评价		

注：评分标准及评分表详见附录。

任务 5.3　选 用 原 则

【课前导入】

在将玻璃应用到室内外建筑装饰工程时，需要选用最佳的规格、类别以及样式，即要遵循一定的选用原则，接下来我们就一起来了解学习在选用玻璃时需要遵循的适用性原则、环保性原则以及装饰性原则的具体含义。

【建议学时】2 学时

【教学目标】

知识目标	1. 了解玻璃选用的适用性原则； 2. 熟悉玻璃选用的环保性原则； 3. 掌握玻璃的环保性原则
能力目标	1. 根据玻璃选用的适用性原则，选择适合不同空间的玻璃品种； 2. 根据玻璃的环保性原则，选用节能玻璃； 3. 根据玻璃的装饰性原则，选用装饰玻璃
素养目标	1. 培养学生的审美意识； 2. 树立学生的绿色环保意识
思政元素	坚持使用绿色环保的装饰材料，坚定保护环境的决心

5.3.1 适用性原则

无论是建筑室内空间还是建筑门窗，都会运用玻璃作为装饰材料。由于空间位置的不同，需要玻璃满足的需求侧重点和使用功能也有所区别。

1. 室外玻璃门窗

玻璃门窗要满足：（1）采光要求，即要选择透光性强的平板透明玻璃；（2）安全要求，能够抵抗恶劣的自然天气，所以玻璃的厚度、硬度也要达到一定的要求；（3）隔声需求，尤其是住宅空间门窗或者办公空间门窗，如果临近喧闹的公路或者市区，要充分考虑玻璃的隔声性能；（4）耐热性能，对于夏季炎热高温地区，要充分考虑玻璃的耐热性能，选择耐热性能强的玻璃，避免玻璃在高温天气下发生爆破。如图 5-3-1 所示。

2. 室内玻璃隔断

由于室内玻璃隔断的环境要比室外环境好，所以室内玻璃隔断的耐热性和强度要求比室外门窗要低。室内玻璃隔断主要用于楼梯扶手、护栏、玻璃隔墙等，要选用安全等级高的玻璃，对于用于玻璃隔墙的玻璃，一般会选用不透明或者半透明的磨砂玻璃，既保障一定的通透感，又有一定的隐私性。如图 5-3-2 所示。

图 5-3-1　室外玻璃门窗

图 5-3-2　室内玻璃隔断

5.3.2 环保性原则

随着绿色建筑理念的普及，国家和社会倡导选用节能性玻璃，即选用隔热性能高的环保性节能玻璃，控制室内温度，节约用电，减少耗能。玻璃的保温性要达到与墙体相匹配的水平，可以选择吸热玻璃、中空玻璃、热反射玻璃、低辐射玻璃、真空玻璃等。

5.3.3 装饰性原则

随着人们对建筑空间质量需求的提升，在选用玻璃时，不仅要考虑玻璃的适用性原则和环保性原则，还要充分考虑装饰性原则，从而使玻璃能起到美观、赏心悦目的效果。有美观要求的大型建筑，如大型写字楼或者商业空间建筑的玻璃幕墙，一般会采用具有设计感的彩色玻璃，增强视觉冲击力。

📖 课程思政案例

案例名称	优秀文化的借鉴共融——余荫山房彩色玻璃欣赏
案例意义	通过欣赏彩色玻璃艺术美感，引导学生树立融会贯通的思想
案例描述	余荫山房是岭南四大名园之一，彩色玻璃与花卉、植物、几何图案融合运用，局部大面积采用米黄色玻璃，既体现了别出心裁之处，又呈现出和谐统一之感
案例实施	扫码观看案例 5-3-1 余荫山房彩色玻璃欣赏

📖 学生任务单

项目名称		玻璃的选用原则	
学生姓名		班级学号	
课前任务			
自学阐述			
理论认知	重点内容		
	难点标注		
技能实训	基本信息	玻璃选用原则的应用	
	实训任务	根据不同的建筑空间项目，选用不同的玻璃品种	
	准备工作	1. 确定建筑项目； 2. 确定玻璃商家	
	实训要求	1. 以小组为单位开展工作； 2. 学生在选用玻璃品种时保持安静，不得影响卖场的正常运营； 3. 学生在实训过程中做好记录	

	不足之处	
课后反思	思政领悟	
	教师评价	
	导师评价	

注：评分标准及评分表详见附录。

【课前导入】

　　上节课我们已经了解到，选用玻璃需要充分遵循适用性原则、环保性原则以及装饰性原则，这样有利于选择出适合玻璃的规格、类别和样式。后续我们会采取一定的搭配技巧，将选用的玻璃运用到室内外建筑装饰工程中，玻璃具体有哪些搭配技巧呢？让我们一起来了解和学习。

【建议学时】2 学时

【教学目标】

知识目标	1. 熟悉室内装饰玻璃的搭配技巧； 2. 掌握室外装饰玻璃的搭配技巧
能力目标	1. 根据业主需求和整体室内装饰风格，设计室内装饰玻璃搭配方案； 2. 根据业主需求与建筑整体定位，设计室外装饰玻璃的搭配方案
素养目标	1. 通过设计玻璃搭配方案，培养审美意识； 2. 在设计方案时，不仅要考虑美观性，还要考虑实用性与环保性，培养学生的务实精神以及绿色环保意识
思政元素	发扬求真务实的大国工匠精神，树立绿色环保的理念

5.4.1 室内装饰玻璃的搭配技巧

1. 家装玻璃搭配

在家庭住宅装修项目中，玻璃通常应用于推拉门、淋浴隔断等，下文将具体阐述玻璃在建筑装饰中应用时的搭配技巧。

（1）推拉门

推拉门主要由玻璃和门框组成，其呈现效果主要考虑玻璃与金属门框的搭配，现在主要包括以下几种色彩搭配方式：

1）玻璃 + 黑色门框

黑色是一种比较经典的颜色，把它与冰冷的金属结合一起，往往可以给人以结实稳重的气质感，搭配在推拉门门框上，很适合一些现代年轻的装修风格，效果非常精致。如图 5-4-1 所示。

2）玻璃 + 白色门框

白色也是一种比较简洁优雅的经典颜色，干净简洁的白色与墙面天花呈现一致的浅色色调，用在推拉门门框上面，整体效果是低调而又优雅大气，适合比较优雅现代的装修风格，其搭配效果和谐大方。如图 5-4-2 所示。

3）玻璃 + 金色门框

金色是一种比较豪气的色调，尤其适用在金属上，其质感更是华丽精致。对于一些比较高档、成熟的装修风格，用金属的玻璃门框搭配，效果华丽、上档次。如图 5-4-3 所示。

图 5-4-1　黑色门框玻璃推拉门

图 5-4-2　白色门框玻璃推拉门

图 5-4-3　金色门框玻璃推拉门

（2）淋浴隔断

众所周知，淋浴隔断主要做干湿分离使用，防止淋浴的水喷到外面。淋浴隔断的玻璃主要选用钢化玻璃，边框为铝材，颜色多为白色、黑色、金色等，还有五金件和把手等。除此之外，淋浴隔断还应该设计石基，石基应该在铺贴瓷砖时进行预埋，这样才能起到良好的密封效果，不会使水外渗到干区。如图5-4-4所示。

2. 公装玻璃搭配

在公共建筑室内装修项目时，玻璃通常与铝合金等金属结合搭配，组成玻璃隔墙，分割成为单间。

例如，在办公空间，通常选用黑色铝合金框架，可以营造沉稳大气的氛围，便于员工沉稳、平静地投入工作；在大厅空间，通常也会将玻璃完全当作装饰面来使用，例如玻璃与大理石、金属等硬质材质进行搭配，整体以"有序的规则美"为理念，打造出通透、延伸、雅致的经典融合美学。

图 5-4-4　淋浴隔断

5.4.2　室外装饰玻璃的搭配技巧

室外装饰玻璃即为玻璃幕墙，主要给人一种现代时尚感和视觉冲击力，玻璃幕墙通常与建筑石材外饰面、发光字体的建筑标识进行搭配，相互映衬，彰显出建筑外立面的造型张力。

📖 课程思政案例

案例名称	优秀文化的借鉴共融——可园彩色玻璃欣赏
案例意义	通过鉴赏彩色玻璃的建筑美感与艺术美感，借鉴学习玻璃的造型美与艺术美，培养学生中西艺术兼收并蓄的学习方法
案例描述	广东四大园林，也称为岭南四大名园，分别是佛山顺德清晖园、广州番禺余荫山房、东莞可园、佛山禅城梁园。通过学习岭南四大名园中可园的彩色玻璃的运用手法，认识玻璃艺术在东西方传统建筑的精粹，坚信民族的就是世界的，树立中华民族的伟大自信
案例实施	扫码观看案例 5-4-1 可园彩色玻璃欣赏

项目名称		玻璃的搭配技巧	
学生姓名		班级学号	
课前任务			
自学阐述			
理论认知	重点内容		
	难点标注		
技能实训	基本信息	玻璃的搭配技巧	
	实训任务	能够根据业主需求以及住宅项目现场情况，绘制阳台推拉门的模型以及玻璃隔墙模型效果图	
	准备工作	1. 确定住宅空间项目； 2. 安装有 CAD 以及 3Dmax 软件的机房	
	实训要求	1. 与业主交流时，要尊重业主，不询问业主隐私问题； 2. 勘测住宅项目时，应注意保持现场环境卫生、安静； 3. 在机房进行绘图实训时，注意保持安静	
课后反思	不足之处		
	思政领悟		
	教师评价		
	导师评价		

注：评分标准及评分表详见附录。

任务 5.5　新材料构造的典型应用

【课前导入】

通过学习本项目前 4 个任务的知识与技能，大家已经对玻璃的基本内涵、技术性能、选用原则和搭配技巧有了一定的了解，这是前期设计的重要基础，设计的落地离不开精益求精的施工工艺。玻璃不仅应用于墙面装饰，也会应用于地面装饰，接下来我们就一起了解地面玻璃的设计与构造做法。

【建议学时】2 学时

【教学目标】

知识目标	1. 了解常规的地板玻璃应用； 2. 熟悉地板玻璃的设计规范要求； 3. 掌握地板玻璃的安装工艺
能力目标	1. 具备认知新玻璃材料的能力，判断与传统装饰玻璃的区别； 2. 具备地板玻璃安装施工的实操能力
素养目标	1. 通过认知新材料，培养学生的创新思维； 2. 通过现场实操地板玻璃的安装施工，培养学生精益求精的工匠精神与职业素养
思政元素	培养独具匠心的职业素养，发扬精益求精的工匠精神

📑 知识与技能

5-5-1
新材料构造的
典型应用——
装配化玻璃
墙面

5.5.1 常规的地板玻璃应用

常规地板玻璃的做法有 2 种：改变楼板和架空。

1. 改变楼板

改变原来的配筋浇筑混凝土楼板，利用装饰面石材或木材的材质做法，用通透的玻璃来做楼板之间的支撑。如图 5-5-1 所示。

图 5-5-1　架空地板铺设玻璃地板

2. 架空

直接在原有的地面钢架搭筑、铺设做出玻璃的"地板"，这种处理手法很容易使空间变得通透，在层高较低的空间运用较多。如图 5-5-2 和图 5-5-3 所示。

图 5-5-2　地板玻璃内置光源和瓷砖艺术画＋点挂式玻璃吊顶

在设计当中，玻璃地板应该选用钢化地板或是夹胶玻璃，还是其他玻璃呢？怎样的力学结构设计才能保证玻璃稳固而结实呢？

虽然地板玻璃已经非常普及，且技术也很成熟，常用于大型商场、T台走秀以及需要营造特殊地面效果的空间中，但是还是会听到某景区采用钢化玻璃设计的地面，出现裂纹吓哭游客的"危险事件"。要严格把控安全问题，下面我们来学习地板玻璃相应的规范要求。

图 5-5-3　石材与玻璃混拼的地面

5.5.2　地板玻璃设计规范要求

1. 玻璃选择

地板玻璃必须采用夹层玻璃，点支撑地板玻璃必须采用钢化夹层玻璃，钢化玻璃应进行均质处理。如图 5-5-4 所示。

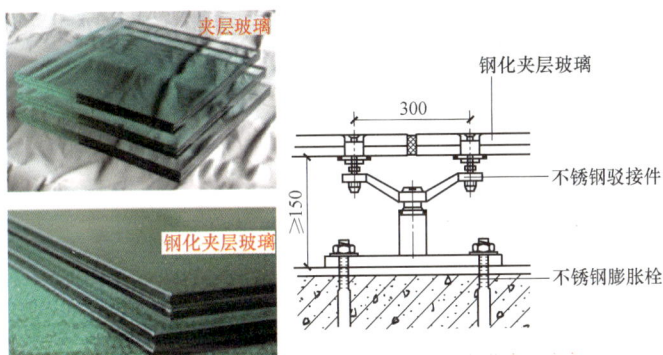

图 5-5-4　玻璃选择要点

由于玻璃原料生产过程存在极难察觉的杂质硫化镍，会导致玻璃自爆现象的发生，采用均质处理是模拟钢化玻璃加热过程到 290℃，恒温 2h，以此检验玻璃自爆可能性的一种处理。

2. 玻璃楼梯踏板

玻璃楼梯踏板表面应做防滑处理，防滑玻璃特点：采用多层工艺加工，表面涂有特殊防滑膜层，防滑层与玻璃烧结成为玻璃整体部分，不仅可长期摩擦而不脱落，具有较高的摩擦系数，为玻璃的防火性能提供保障，并且防滑处理后的玻璃依然保持通透。

3. 玻璃打孔

地板玻璃的孔、板边缘均应进行机械磨边和倒棱，磨边宜细磨，倒棱宽度不宜小于 1mm。如图 5-5-5 所示。

图 5-5-5　玻璃打孔示意图

4. 玻璃厚度

地板夹层玻璃的单片厚度相差不宜大于 3mm，且夹层胶片厚度不应小于 0.76mm。框支撑地板玻璃的单片厚度相差不宜小于 8mm，点支撑地板玻璃单片厚度不宜小于 10mm。如图 5-5-6 所示。

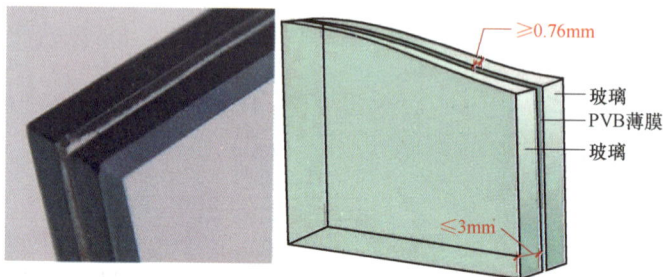

图 5-5-6　玻璃厚度要求示意图

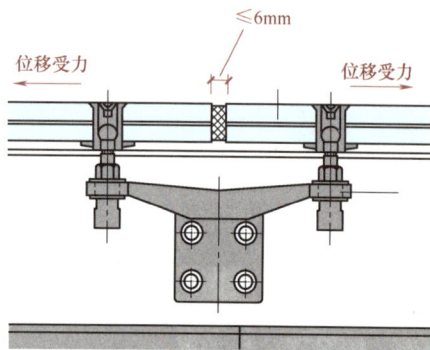

图 5-5-7　玻璃板缝要求示意图

5. 板缝

地板玻璃之间的接缝不应大于 6mm，采用的密封胶位移能力应大于玻璃板缝位移量计算值。如图 5-5-7 所示。

5.5.3　地板玻璃的安装工艺

地板玻璃的安装可分为 3 种：框支撑、点支撑和复合型的玻璃桥地板构造，点支承地板玻璃的连接件又可分为沉头式和背栓式。下文将具体介绍框支撑构造做法工艺。

如图 5-5-8 所示的玻璃地板，是典型的框支撑的做法：利用金属框架或其他框架形式，单独承受每片玻璃的重量，用橡胶垫软连接，通过压盖固定玻璃。需要注意：安装这种玻璃需专业人士计算金属框支撑玻璃荷载，无误后方可实施安装。如图 5-5-9 所示为框支撑地板玻璃构造示意图。

图 5-5-8　框支撑玻璃地板示意

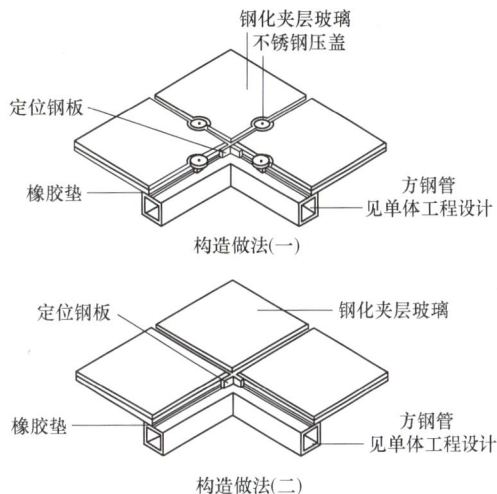

构造做法(一)

构造做法(二)

图 5-5-9　框支撑玻璃地板构造做法示意图

🔲 课程思政案例

案例名称	优秀文化的借鉴共融——宝墨园彩色玻璃欣赏
案例意义	欣赏岭南名园中彩色玻璃的运用,引导学生养成精益求精的工匠精神与独具匠心的职业素养
案例描述	宝墨园,位于广州番禺沙湾,建于清末,文物曾毁,重建于 1995 年,园中彩色玻璃成色较新,融入了现代艺术玻璃的美感,充分体现中西艺术审美的融合
案例实施	扫码观看案例 5-5-2 宝墨园彩色 玻璃欣赏

🔲 学生任务单

项目名称	玻璃——新材料构造的典型应用		
学生姓名		班级学号	
课前任务			
自学阐述			
理论认知	重点内容		
	难点标注		

	基本信息	玻璃——新材料的典型应用
技能实训	实训任务	1. 了解玻璃马赛克的生产工艺; 2. 熟悉玻璃马赛克的性能特点; 3. 掌握玻璃马赛克的施工工艺
	准备工作	1. 准备采用玻璃马赛克外饰面的建筑项目案例; 2. 可以进行玻璃马赛克施工的实训基地
	实训要求	1. 以小组为单位开展工作; 2. 学生在实验过程中保持安静; 3. 学生在实验过程中应及时做好实验笔记
课后反思	不足之处	
	思政领悟	
	教师评价	
	导师评价	

注：评分标准及评分表详见附录。

项目 6
厨、卫、浴
家具材料

任务 6.1　材料认知
任务 6.2　人性化特征
任务 6.3　设计原则
任务 6.4　搭配技巧
任务 6.5　新材料构造的典型应用

思维导图

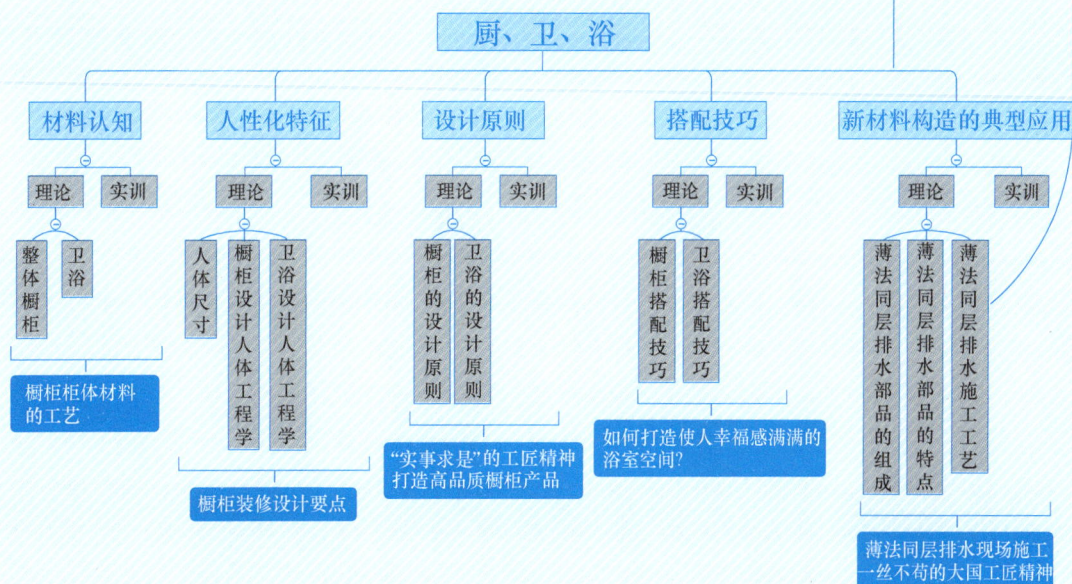

任务 6.1　材料认知

【课前导入】

　　厨房、卫生间、浴室是每一个住宅装饰项目工程中必不可少的分项工程，现在我们就通过欣赏别墅空间"厨、卫、浴"设计项目案例，来了解厨、卫、浴家具材料的基本内涵。

6-1-1
别墅空间"厨、卫、浴"设计项目案例

【建议学时】1 学时

【教学目标】

知识目标	1. 了解厨、卫、浴包含的家具材料； 2. 熟悉厨、卫、浴的家具材料的材质的组成
能力目标	对"厨、卫、浴"家具的初步认知能力
素养目标	通过学习"厨、卫、浴"家具的种类，培养对"厨、卫、浴"家具的认知
思政元素	坚持以人为本，选择绿色环保材料

6.1.1 整体橱柜

1. 定义

6-1-2
整体橱柜的
材料认知

整体橱柜亦称"整体厨房"，是指由橱柜、电器、燃气具、厨房功能用具四位一体组成的橱柜组合。其特点是将橱柜与操作台以及厨房电器和各种功能部件有机结合在一起，并按照消费者家中厨房结构、面积以及家庭成员的个性化需求，通过整体配置、整体设计、整体施工，最后形成成套产品；实现厨房工作每一道工序的整体协调，并营造出良好的家庭气氛、浓厚的生活气息。

2. 组成

（1）柜体

柜体按空间结构包括吊柜、地柜、装饰柜、中高立柜、台上柜等。如图 6-1-1 所示。

（2）柜门

柜门选择较大，按材料组成又包括木类门、铝合金门、卷帘门、移门等。如图 6-1-2 所示。

图 6-1-1　橱柜柜体

图 6-1-2　橱柜柜门

（3）装饰板

装饰板包括隔板、顶板、顶线板、背墙饰等。如图 6-1-3 所示。

（4）台面

台面包括人造石、防火板、人造石英石、不锈钢台面、天然石台面、优石板等。如图 6-1-4 所示。

图 6-1-3　橱柜装饰层板

图 6-1-4　橱柜台面

（5）地脚

地脚包括地脚板、调整地脚和连接件。调整地脚常用的有塑料和铝合金地脚板。如图 6-1-5 所示。

（6）五金配件

五金配件包括门铰、导轨、拉手、吊码、其他结构配件、装饰配件等。如图 6-1-6 所示。

图 6-1-5　橱柜地脚

图 6-1-6　橱柜五金配件

（7）功能配件

功能配件包括星盆（人造石盆和不锈钢盆）、龙头、上下水器、皂液器、各种拉篮、拉架、置物架、米箱、垃圾桶等。如图 6-1-7 所示。

（8）灯具

灯具包括层板灯、顶板灯、各种内置和外置式橱柜专用灯。如图 6-1-8 所示。

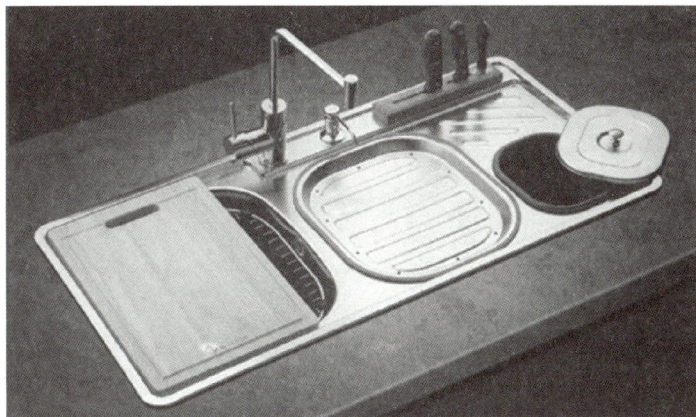

图 6-1-7　橱柜功能配件

6.1.2　卫浴

1.定义

卫浴按字面意思就是卫生、洗浴，卫浴俗称"主要用于洗澡的卫生间"，是供居住者便溺、洗浴、盥洗等日常卫生活动的空间及用品。

2.组成

（1）浴室柜

浴室柜是浴室间放物品的柜子，其面材可分为天然石材、玉石、人造石材、防火板、烤漆、玻璃、金属和实木等。基材是浴室柜的主体，它被面材所

图 6-1-8　橱柜专用灯

掩饰。基材是浴室柜品质和价格的决定因素。在搬运时，应轻抬轻放，不要硬拖拉；放置时，若地面不平，应将腿垫实。如图 6-1-9 所示。

（2）马桶

马桶也叫坐便器，马桶是一项伟大的发明，它使现代城市成为可能。马桶可以按结构分类、出水口分类和排水方式分类。如图 6-1-10 所示。

（3）蹲便器

蹲便器分为无遮挡和有遮挡，其结构有返水弯和无返水弯。存水弯的工作原理，就是利用一个横"S"形弯管，造成一个"水封"，防止下水道的臭气倒流。如图 6-1-11 所示。

（4）小便斗

小便斗多用于公共建筑的卫生间。按结构分为：冲落式、虹吸式；按安装方式分为：斗式、落地式、壁挂式。如图 6-1-12 所示。

图 6-1-9　卫生间浴室柜

图 6-1-10　卫生间马桶

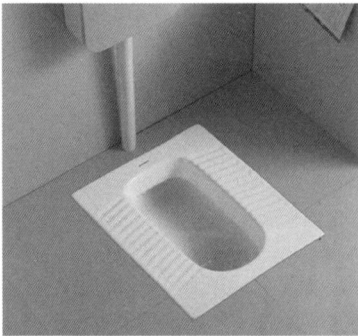

图 6-1-11　卫生间蹲便器

图 6-1-12　卫生间小便斗

（5）花洒

花洒又称莲蓬头，原是一种浇灌盆栽及其他植物的装置。后来有人将其改装成为淋浴装置，成为浴室常见的用品。如图 6-1-13 所示。

图 6-1-13　卫生间花洒

（6）浴缸

浴缸是供沐浴或淋浴之用，通常装置在家居浴室内。现代的浴缸大多以亚克力或玻璃纤维制造，亦有包上陶瓷的钢铁，近几年木质浴缸也渐渐盛行，主要以四川地区的香柏木为基材制造，因而也叫"柏川木桶"。如图 6-1-14 所示。

（7）卫浴五金配件

卫浴五金配件指安装于卫生间，用于悬挂、放置洗浴用品（如：肥皂、洗浴液、洗手液、洗发水、润肤露、牙刷、牙膏、漱口杯等）的金属制品。如图 6-1-15 所示。

图 6-1-14　卫生间浴缸

图 6-1-15　卫生间五金配件

📘 课程思政案例

案例名称	橱柜柜体材料的工艺
案例意义	通过了解厨房橱柜材料的工艺，培养学生养成安全环保的选材理念
案例描述	学习橱柜柜体主要材料的加工方式，学习橱柜柜体材料的选择要求，主要考虑其装饰效果美观、安装便捷、加工简便、制作成本合理等要素进行橱柜的定制与选择
案例实施	扫码观看案例 6-1-3 橱柜柜体材料的工艺

项目名称	"厨、卫、浴"家具的材料认知		
学生姓名		班级学号	
课前任务			
自学阐述			
理论认知	重点内容		
	难点标注		
技能实训	基本信息	"厨、卫、浴"家具市场调研	
	实训任务	学生能够熟悉和了解橱柜和卫浴的基本组成	
	准备工作	1.邀请橱柜和卫浴的企业专家； 2.企业专家开办讲座，并且携带展示不同种类的橱柜材料小样和卫浴样品； 3.确定讲座会场场地	
	实训要求	1.以小组为单位开展工作； 2.学生安静入座，讲座期间不可大声喧哗，保证会场秩序； 3.在讲座前，学生应该了解该企业的基本情况，在讲座期间做好拍照、摄像、笔记等工作	
课后反思	不足之处		
	思政领悟		
	教师评价		
	导师评价		

注：评分标准及评分表详见附录。

任务 6.2 人性化特征

【课前导入】

上节课我们已经学习了厨、卫、浴家具的基本内涵及其组成，厨、卫、浴家具材料作为建筑装饰材料的重要组成部分，与我们的日常生活息息相关，因此要充分考虑厨、卫、浴家具的人性化特征，即遵循人体工程学原理，保证业主在使用橱柜、卫浴时的便利。

【建议学时】1 学时

【教学目标】

知识目标	1. 了解人体尺寸的设计含义； 2. 熟悉橱柜设计需满足的人体工程学尺寸要求； 3. 掌握卫浴设计需满足的人体工程学尺寸要求
能力目标	1. 能够手绘厨房的人体工程学的平面图与立面图草图； 2. 能够手绘卫生间的人体工程学的平面图与立面图草图
素养目标	1. 培养学生对人体尺寸的认知； 2. 培养精益求精的精神
思政元素	树立以人为本的理念，弘扬尊老爱幼的优良传统

6.2.1　人体尺寸

人体尺寸是人体工程学的基本尺寸。人体本身的尺寸被称为静态人体尺寸。人体的大小通常通过身高、坐高、体重等进行表现，身高和人体各部位测量值之间大致呈比例。因此，经常使用以身高作为基准计算出来的人体主要部位换算值。而这个换算值是在设计橱柜和卫浴等重要的基准尺寸。

6.2.2　橱柜设计需满足的人体工程学尺寸要求

为了便于拿取方便，以不使用辅助工具为原则，橱柜总高度为 2400mm，橱柜台面宽度为 600mm。具体的人体工程学尺寸。如图 6-2-1 所示。

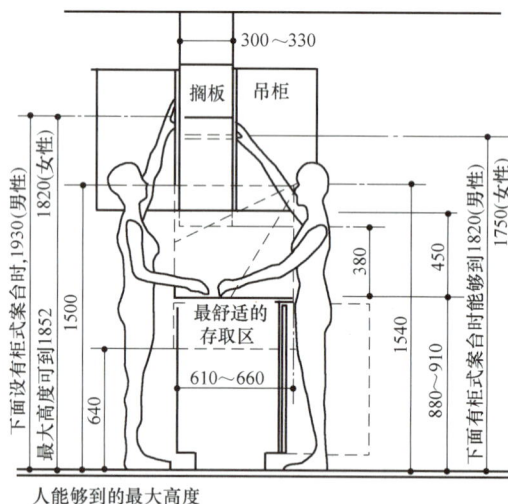

图 6-2-1　橱柜的人体工程学尺寸

地柜：指能够存放东西的储物柜，多数置于灶台下边。也就是我们常说的操作台。人体的身高直接决定操作台的高度，过高会让人觉得在切菜时候明显吃力。过低则使人觉得弯腰乏力，标准高度为 750mm。

吊柜：主要储藏轻便的物体，应该便于打开柜门进行拿取，厨房吊柜高度最好在 60 ～ 70cm 之间，宽度最好在 30 ～ 40cm 之间。

地柜与电柜之间主要用于洗菜、切菜、炒菜等操作，所以需要满足操作方便需求，吊柜与地柜之间的距离为 380mm 左右。

6.2.3　卫浴设计需满足的人体工程学尺寸要求

挂衣钩高度：150cm。

洗漱台壁灯的高度或与视平线平行：150 ～ 180cm。

两壁灯之间的最佳距离：75～100cm。

洗手台高度：80～90cm。

马桶高度：43～48cm。

毛巾杆高度：120cm。

（1）浴室柜

洗手台前方需留出 60cm 以上的走道。

一般来说，一人侧面的宽度约在 20～25cm，肩宽为 52cm，若洗手台前方为走道，建议前方需有 60cm 以上。若是一人在盥洗，一人要从后方经过，则需留出 80cm 以上。

浴室柜高度：高度在人体腰部最适合。

浴室柜在卫生间承担着收纳、洗漱的重要职责，而且卫生间里的镜子也连着浴室柜。浴室柜高度在人体腰部位置最佳，一般高度为 80～85cm（包含面盆的高度），这样做弯腰洗脸等动作时都会相对比较舒适。挂壁式浴室柜的高度可以自行调节。

浴室柜长度：在 100～120cm 范围内，方便两人同时使用。

浴室镜高度：以头在镜子中间部位最佳，原则上 135cm 最佳。

（2）马桶

马桶尺寸面宽大概在 40～55cm，由于人是走到马桶前转身坐下，因此马桶前方需留出 60cm 的回旋空间，两侧则要有 35cm 以上，起身时才不觉得拥挤。

坑距是下水坑离墙的距离，一般家庭用的抽水马桶多数是 300mm 的坑距，排污管尺寸的外口径是 110mm。马桶水箱的中心线到马桶坐圈最前端的尺寸，长度在 52cm 左右，宽度在 34～39cm。

马桶的高度与人体的生理需要、舒适度密切相关。

（3）花洒

花洒高度可由浴室吊顶高度和业主身高来决定。一般花洒杆的长度约在 110cm，花洒头距地面高度约 220cm。除了固定花洒头之外，手持花洒的高度可以根据业主的身高进行调节，以家里最矮的人伸手能拿到为最佳。

一般来说，花洒的冷热水位置（混水阀）的高度最好在 90～110cm 之间。原则上不要高出 110cm，否则会导致带升降杆花洒装不上；若低于 90cm，每次开阀门则需要弯腰。

如果需要安装浴霸等集成电器，浴室吊顶离墙顶距离应该在 12cm 以上。如果不安装浴霸，吊顶距离墙顶 7～8cm 即可。

吊顶与花洒顶端最好保留 30cm 的距离。一般吊顶安装了浴霸，若相隔太近，浴霸烘烤会对花洒寿命产生影响。

（4）浴缸

浴缸长度最好在 180cm 左右，宽为 60～75cm，这样使用起来较舒适。

想要有一个较舒适的活动空间，那么浴缸与对面墙的距离至少在 60cm。这个范围可以保证基本的走动不受影响。

卫生间人体工程学系统如图 6-2-2～图 6-2-4 所示。

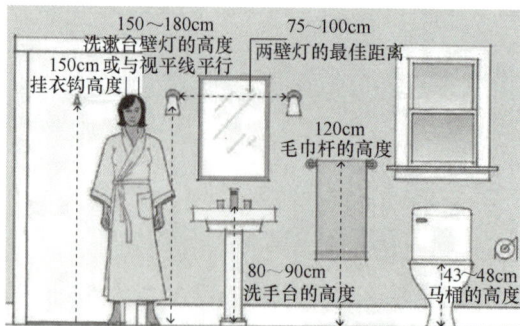

图 6-2-2　卫生间人体工程学立面尺寸

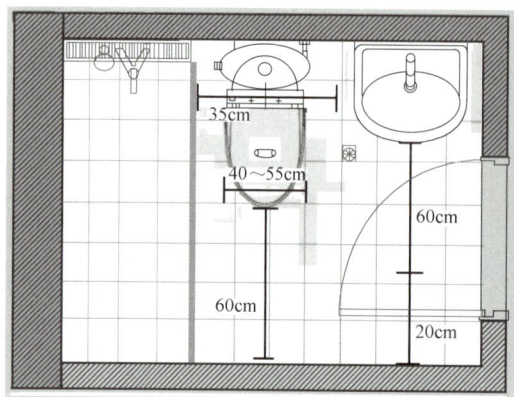

图 6-2-3　卫生间人体工程学平面尺寸

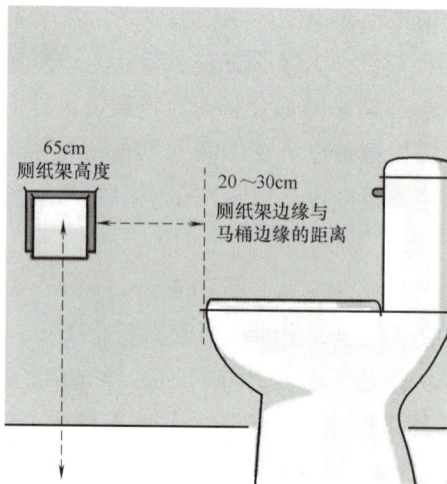

图 6-2-4　卫生间人体工程学细节尺寸

📖 课程思政案例

案例名称	橱柜装修设计要点
案例意义	通过了解橱柜装修过程中的设计要点，培养学生以人为本的设计思维和设计理念
案例描述	橱柜装修设计主要从色彩搭配、材料选择、安装技巧、预算经费等几方面考虑，最终达到使用方便、造型美观、尺寸合理、安全适用的设计效果
案例实施	扫码观看案例 6-2-1 橱柜装修设计要点

项目名称	"厨、卫、浴"的人性化特征		
学生姓名		班级学号	
课前任务			
自学阐述			
理论认知	重点内容		
	难点标注		
技能实训	基本信息	绘制厨房、卫生间的人体工程学设计草图	
	实训任务	在认知人体尺寸与人体工程学理论的基础上，绘制出厨房、卫生间的人体工程学设计尺寸的平面图和立面图草图	
	准备工作	准备绘图工具	
	实训要求	1.以小组为单位开展工作； 2.学生在绘图过程中保持安静	
课后反思	不足之处		
	思政领悟		
	教师评价		
	导师评价		

注：评分标准及评分表详见附录。

【课前导入】

厨、卫、浴设施的人性化特征是设计的基础，除此之外，我们还应该了解厨、卫、浴设施的设计原则，从而设计出与厨房、卫生间空间适宜，同时满足业主使用需求的厨、卫、浴设施。

【建议学时】2 学时

【教学目标】

知识目标	1. 掌握橱柜的设计原则； 2. 熟悉卫浴的设计原则
能力目标	1. 能够根据业主需求以及厨房实际尺寸，设计橱柜方案； 2. 能够根据业主需求以及卫生间实际尺寸，设计卫浴方案
素养目标	1. 培养学生实事求是的钻研精神； 2. 培养学生踏实肯干的劳动精神
思政元素	弘扬实事求是、一切从实际出发的工匠精神

6.3.1 橱柜的设计原则

1. 根据厨房空间大小决定橱柜造型

常见的整体橱柜设计有 I 字形、L 字形、U 字形与中岛形，设计整体橱柜时需根据实际空间来定整体橱柜的设计样式。

（1）I 字形厨房

I 字形厨房直线式的结构简单明了，通常需要面积为 7m²，长度为 2m 的空间。只要依照使用者的习惯将洗菜盆、切菜区以及烹饪区由左至右或由右至左摆放即可。如图 6-3-1 所示。

（2）L 字形厨房

L 字形厨房是目前装修最常见的，两边至少需要 1.5m 的长度，其特色就是将各项配备依据烹调顺序置于 L 形的两条轴线上。但为了避免水火太近，造成作业上的不便，最好将冰箱与水槽并排于一条轴线，而炉具则置于另一轴线。如图 6-3-2 所示。

图 6-3-1　I 字形厨房

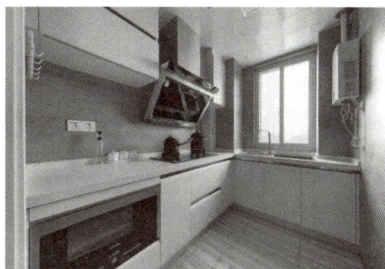

图 6-3-2　L 字形厨房

（3）U 字形厨房

如果在 L 字形厨房里再加设一个整体橱柜，即成为 U 字形厨房，其可以在转角处与左右两边多规划些高且深的整体橱柜，以增加收纳功能。

U 字形厨房有两个转角空间，人们往往忽略其置物的功能性，其实可以加装可 180°或 360°旋转的转角旋转柜，当门开启时，里面放置的物品会随之旋转而出。如图 6-3-3 所示。

（4）中岛形厨房

中岛形的厨房是在厨房中央增设一张独立的桌台，一般运用于别墅等高端装修。可作为餐前准备区，也可兼便餐桌的功能，但需要至少 16m² 的空间。如图 6-3-4 所示。

2. 遵循人体工程学原则

根据人体工程原则设计整体橱柜，可有效避免做饭导致的腰酸背疼问题。

3. 根据操作流程决定橱柜分区

在规划空间时，要合理分配整体橱柜空间，尽量依据使用的频率来决定物品放置的位置。如将滤网放在水槽附近、锅具放在炉灶附近等，食物柜的位置最好远离厨具与冰箱的散热孔，并保持干燥和清洁。在收纳物品时，还应当注意到安全问题。

图 6-3-3　U 字形厨房

图 6-3-4　中岛形厨房

4. 遵循照明方便原则

厨房的照明首要满足安全与效率，灯光应从前方投射，以免产生阴影妨碍工作。除利用可调式的吸顶灯作为普遍式照明外，在整体橱柜与工作台的上方装设集中式光源，可以让切菜与找物更为方便安全。在一些玻璃储藏柜内可加装投射灯，特别是在内部储放一些有色彩的餐具时，能达到很好的装饰效果，在装修中很是实用。

5. 遵循便于采光通风原则

厨房的采光要注意避免阳光的直射，防止室内贮藏的粮食、干货、调味品因受光热而变质。另外，需考虑通风，但在灶台上方切不可有窗，否则燃气灶具的火焰受风影响不稳定，甚至会被大风吹灭酿成大祸。

6.3.2　卫浴的设计原则

1. 人性化置物原则

由于卫生间的浴室柜、置物架等都具备重要的收纳功能，因此在设计卫浴时，应该充分考虑人性化置物的原则。如，浴室柜的镜柜高度应方便人们拿取，镜柜的厚度应满足化妆品、洗漱用品的放置需求。

2. 干湿分离原则

由于卫生间用水较多，所以在进行卫浴设计时，应该遵循干湿分离原则。如果空间允许，可以设计单独的淋浴房；如果空间较小，则可以设计淋浴隔断或者淋浴帘。

3. 人体工程学原则

人体工程学原则是设计任何空间的基础，卫生间中台盆的高度、宽度、镜柜的高度、淋浴房的宽度都应该满足人体使用时舒适度的需求。

📖 课程思政案例

案例名称	"实事求是"的工匠精神——打造高品质橱柜产品
案例意义	通过认识橱柜设计要遵照"实事求是"的工匠精神，帮助学生树立用事实说话的职业素养、打造精工品质橱柜产品的信心和决心
案例描述	了解橱柜的设计要点，熟悉橱柜制作工艺。一切围绕实际情况，从实际出发考虑厨房空间设计中遇到问题应该如何解决，提高厨房使用的高效性、清洁性、合理性等
案例实施	扫码观看案例 6-3-2 实事求是的 工匠精神—— 打造高品质 橱柜产品

📖 学生任务单

项目名称		"厨、卫、浴"的设计原则	
学生姓名		班级学号	
课前任务			
自学阐述			
理论认知	重点内容		
	难点标注		
技能实训	基本信息	"厨、卫、浴"的设计原则	
	实训任务	能够根据业主需求设计出空间适宜的厨、卫、浴方案以及效果图	
	准备工作	1. 确定住宅空间项目； 2. 安装有 CAD 以及 3Dmax 软件的机房	
	实训要求	1. 与业主交流时，要尊重业主，不询问业主隐私问题； 2. 勘测住宅项目时，应注意保持现场环境卫生、安静； 3. 在机房进行绘图实训时，注意保持安静	
课后反思	不足之处		
	思政领悟		
	教师评价		
	导师评价		

注：评分标准及评分表详见附录。

任务 6.4　搭 配 技 巧

【课前导入】

　　上节课我们已经学习到，在设计橱柜和卫浴时需要遵循一定的设计原则，总体来看，就是要立足于业主的需求，实现功能的最大化。除此之外，作为室内设计的重要组成部分，还应该满足美观需求，即遵循一定的搭配技巧，从而达到厨、卫、浴整体设计好看又好用的目的。接下来我们就一起学习厨、卫、浴的搭配技巧。

【建议学时】2 学时

【教学目标】

知识目标	1. 熟悉橱柜的搭配技巧； 2. 掌握卫浴的搭配技巧
能力目标	1. 根据业主需求和整体室内装饰风格，设计橱柜搭配方案； 2. 根据业主需求与建筑整体定位，设计卫浴搭配方案
素养目标	1. 通过设计橱柜与卫浴搭配方案，培养审美意识； 2. 在设计方案时，不仅要考虑美观性，还要考虑实用性与人文性，培养学生的务实精神
思政元素	坚持以人为本、培养实用、务实的大国工匠精神

6.4.1 厨、卫、浴设施的搭配原则

搭配主要考虑与厨房瓷砖的色彩搭配，采取以下几点搭配技巧：

1. 统一性原则

橱柜、卫浴的颜色要跟厨房、卫生间墙砖和地砖的颜色相统一，一般来说，墙砖到地砖颜色由浅入深，橱柜颜色可以相近。

2. 主色调原则

选用厨房、卫生间瓷砖的颜色作为主色调，搭配白色、灰色，显示出层次。

3. 三色原则

参考穿衣搭配的三色原则，厨房、卫生间的颜色选择尽量控制在三种之内，否则颜色太多会有混乱的感觉。

4. 冷暖色原则

可以使用冷色与暖色相搭配，简单实用，又新颖美观。

5. 主风格原则

要根据整体家装的风格来选择橱柜与卫浴的颜色，比如温馨甜美的田园风格就不适合黑色系的装饰风格。

6.4.2 橱柜搭配方案

1. 经典白色

白色是目前的主流，大多数家庭都偏爱于此种颜色。白色橱柜给人一种洁白无瑕、一尘不染的感觉，与任何色瓷砖、电器的搭配都会非常和谐；再加上厨房是做饭的地方，更是增加了一种卫生干净的感觉。特别适合喜欢享受安静、洁净生活的人。

优雅的白色是时尚且最常用的色系之一，运用在厨房搭配，非常经典。如果觉得单用白色会显得有些单调，可以选择在台面、墙面上稍做修饰，巧妙地用一些其他颜色点缀，会让厨房形象立体丰满。无论是大户型还是小户型，白色橱柜都能驾驭。如图 6-4-1 所示。

2. 高级灰

高级灰适合于现代风格的厨房，给人以一种积极、健康、充满活力的感觉，非常适合现代都市生活的年轻人。灰色不仅耐脏、易清洁，而且兼具颜值和内涵。高级灰橱柜透露着大气与优雅，成为高雅生活的时尚风范。

灰色是中性的颜色，非常百搭，在视觉上给人很舒适的感觉。无论搭配白色、木色、黑色或者其他偏灰色系，都很有质感，不同深浅的灰色元素能打造出富有层次感、更具潮流的橱柜。

高级灰也是配合橱柜的一个绝佳选择，尤其是在不同橱柜的空间中，可以帮助将明暗柜连接在一起。如图 6-4-2 所示。

图 6-4-1　经典白色橱柜搭配

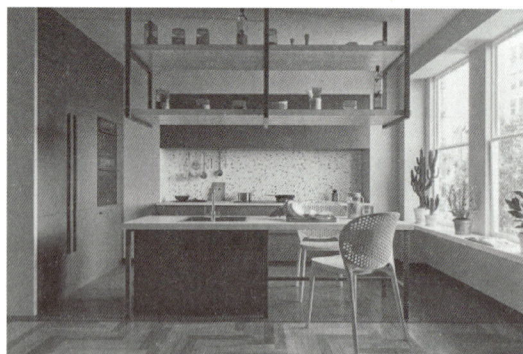

图 6-4-2　高级灰橱柜搭配

3. 原木色

原木色在视觉上给人一种简约、健康、低调的感受。温暖的木材、实木的淳朴，具有清新自然的特质，让厨房仿佛置身于田园风光中，给人一种回归大自然的感觉。原木色系的橱柜朴素、淡雅、简洁、温馨，让厨房变得更加平易近人，特别适合于中老年人及性格稳重的人。

原木色和白色融合是橱柜设计中常见的色彩搭配，除了能与经典色系搭配外，还可以与大自然相近的颜色搭配，更显自然质朴、干净清澈。能够轻松打造美好、舒适的烹饪环境，平衡厨房的传统和现代元素，是过渡厨房的好选择。如图 6-4-3 所示。

4. 蓝色系

蓝色是清新洁净的象征，给人以平静与安宁的感觉。蓝色的橱柜，给人一种遨游大海的浪漫感觉。特别适合于紧张工作一整天的白领们，回家烹饪时会轻松、自在，在蓝色调的厨房中享受烹饪生活。如图 6-4-4 所示。

图 6-4-3　原木色橱柜搭配

图 6-4-4　蓝色橱柜搭配

6.4.3　卫浴的搭配方案

1. 橄榄绿

以橄榄绿为基调的卫生间，独具清醇爽洁的植物色调，能够带来轻松愉悦的自然感，同时缓解视觉疲劳，彰显出绿色健康、轻快时尚的特性。与黄色相互结合，使整个空间凸显灵动活泼，像个欢快的小孩，在其中沐浴享受；当与其他颜色结合时，作为局部化的点缀，也总能借由自身的魅力带出自成一派的视觉影响力，让人一见倾心。如图 6-4-5 所示。

图 6-4-5　橄榄绿卫浴

2. 粉色系

颜色不分性别，不管是服装还是室内设计，合理运用粉红色，会带来意想不到的效果。粉色能与运用大理石等带有天然纹理的砖面完美融合。现在流行的黑色边框能把空间的轮廓描绘出来，将浅淡的配色重新规划，在视觉上很规整。即使是大面积的黑色铺设，但通过和其他配色一样保持晶透的质感，会收获格外别致的效果。如图 6-4-6 所示。

图 6-4-6　粉色系卫生间

3. 红色系

以红色系为基调的卫生间，与黑白的瓷砖搭配相得益彰。为沐浴空间之中，邂逅秋冬里最温暖惊艳的色彩。提供精神的调味剂，为充满凉意的瓷砖，增添一些许的空间暖意。红色系里不同寻常的砖红色，作为一种中性偏暖的色调，能让整个空间拥有复古的时间感，搭配同样深沉的高级灰，营造出的是一种深邃迷人的高级感。如图 6-4-7 所示。

图 6-4-7　红色系卫生间

课程思政案例

案例名称	如何打造使人幸福感满满的浴室空间
案例意义	卫浴空间是具有特定使用功能的室内空间，通过了解新型卫浴材料的功能性、美观性、科学性，帮助学生树立整洁、卫生、美观、实用的设计观念
案例描述	随着社会发展，卫浴空间最常用的瓷砖材料已不能满足用户需求，随之诞生了许多新型卫浴材料，利用新材料可以为用户打造出幸福感满满的卫浴空间
案例实施	扫码观看案例 6-4-2 新型卫浴材料

学生任务单

项目名称		"厨、卫、浴"的搭配技巧	
学生姓名		班级学号	
课前任务			
自学阐述			
理论认知	重点内容		
	难点标注		

技能实训	基本信息	"厨、卫、浴"的搭配技巧
	实训任务	能够根据业主需求以及住宅项目现场情况,绘制橱柜、卫浴的模型以及效果图
	准备工作	1. 确定住宅空间项目; 2. 安装有 CAD 以及 3Dmax 软件的机房
	实训要求	1. 与业主交流时,要尊重业主,不询问业主隐私问题; 2. 勘测住宅项目时,应注意保持现场环境卫生、安静; 3. 在机房进行绘图实训时,注意保持安静
课后反思	不足之处	
	思政领悟	
	教师评价	
	导师评价	

注:评分标准及评分表详见附录。

任务 6.5 新材料构造的典型应用

📋【课前导入】

通过学习本项目前 4 个任务的知识与技能，大家已经对"厨、卫、浴"的基本内涵、人性化特征、设计原则以及搭配技巧有了深刻的了解，随着绿色施工理念的普及，装配化装修也逐渐代替了传统的湿法作业的方式，尤其是集成卫浴薄法同层排水施工与传统的卫生间降板排水施工表现出了明显的优势，接下来我们就一起了解薄法同层排水施工工艺。

📝【建议学时】 2 学时

▦【教学目标】

知识目标	1. 了解集成卫浴薄法同层排水技术的含义； 2. 熟悉集成卫浴薄法同层排水构造节点； 3. 掌握集成卫浴薄法同层排水施工工艺
能力目标	1. 能够绘制集成卫浴薄法同层排水构造节点图纸； 2. 能够现场实操集成卫浴薄法同层排水施工
素养目标	1. 通过绘制节点构造图纸，培养精益求精的职业素养； 2. 通过现场实操集成卫浴薄法同层排水施工，培养匠心精神
思政元素	严谨细致的职业素养，一丝不苟的工匠精神

6.5.1　薄法同层排水部品的组成

薄法同层排水，是装配式装修配置的排水系统，基于主体结构不降板的薄法同层排水部品。整个卫生间排水系统分成两个部分，一部分是架空地面之上的坐便器后排水，匹配110mm排水管，尽可能短地通向公区排水立管；另一部分是架空地面之下的50mm排水管，将地漏、淋浴、洗手盆、洗衣机等排水置在卫生间整体防水底盘之下，横向同层排至管井。

装配式装修集成卫浴的薄法同层排水系统由承插式排水管、同排地漏、水管支架、积水排除器等构成。如图6-5-1所示。

6.5.2　薄法同层排水部品的特点

通过将坐便器与其他排水分离，首先实现了薄法同层排水系统"薄"的优点，能够在120mm的薄法空间实现同层排水；其次，同层排水相对于下排水，用户体验提升很多，规避了噪声、漏水的麻烦；再次，承插式构造比传统胶粘相比可靠性提升；最后，地漏、整体防水底盘与排水口之间形成机械连接，从技术上解决了漏水源。同层排水专用淋浴地漏其水封大于50mm，具有能够拦截毛发和大部分垃圾，有利于清洁和疏通堵塞的优点。

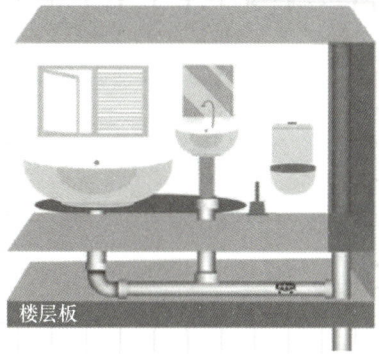

图6-5-1　薄法同层排水部品的组成

6.5.3　薄法同层排水施工工艺

1. 技术准备

熟悉施工图纸与现场，做好技术、环境、安全交底。

2. 材料准备、要求

（1）排水管：定尺加工，标签清晰。

（2）安装辅料：可调节支架，硅酮结构密封胶等。

（3）施工主要工具：3级配电箱、角磨机、管材倒角器、胶枪（结构胶）、卷尺、中号记号笔。

（4）作业条件：完成土建卫生间防水层和保护层；完成隔墙竖龙骨；完成排水立管（批量可作为施工内容）。

（5）施工流程：确认排水立管→定位排水末端→摆放连接部件→安装排水支管支架→测量管道距离→链接排水末端（地漏）→连接管道并调整水平高度→排水闭水试验。

3. 薄法同层排水施工注意事项

排水部品安装时应符合规范中对于排水管坡度的要求。如图6-5-2所示。

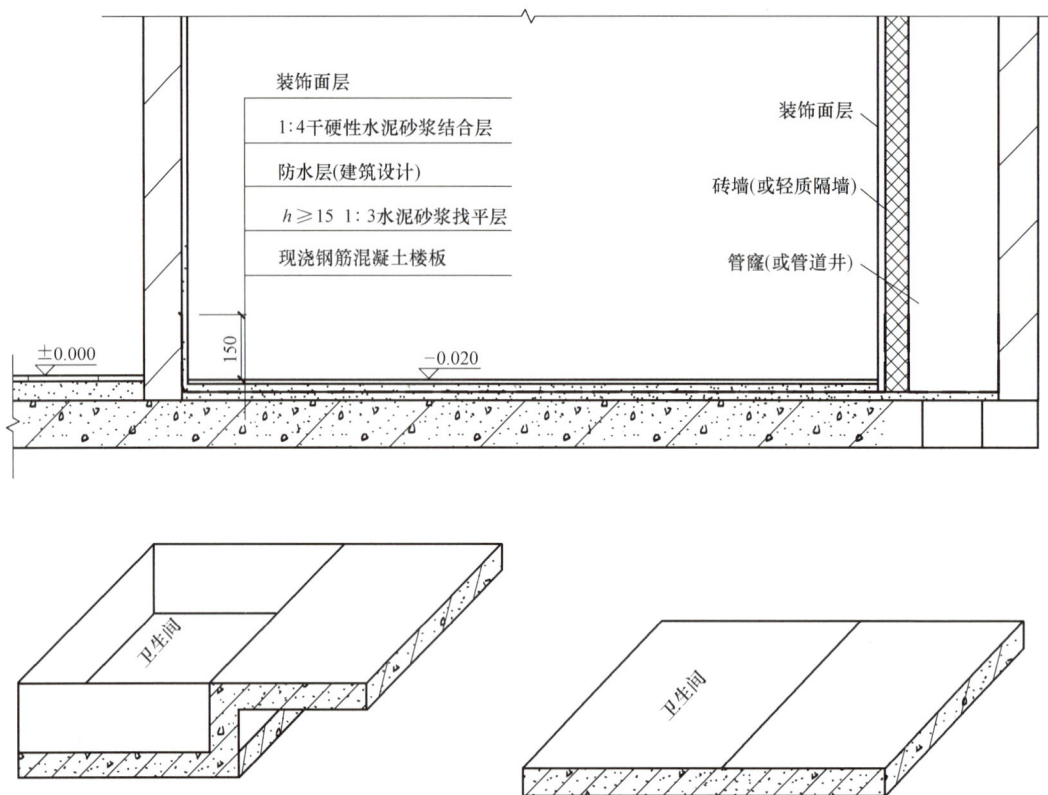

图 6-5-2　薄法同层排水部品节点构造示意图

课程思政案例

案例名称	薄法同层排水现场施工
案例意义	通过关注薄法同层排水的施工细节，培养学生严谨细致职业素养，学习一丝不苟的大国工匠精神
案例描述	学习某施工项目现场的薄法同层排水施工的过程视频实例，关注现场其施工细节以及过程中技术要点，引导学生养成认真细致的工作习惯
案例实施	扫码观看案例 6-5-2 薄法同层排水 现场施工

📘 学生任务单

项目名称	"厨、卫、浴"——新材料构造的典型应用		
学生姓名		班级学号	
课前任务			
自学阐述			
理论认知	重点内容		
	难点标注		
技能实训	基本信息	"厨、卫、浴"——新材料的典型构造工艺	
	实训任务	掌握集成卫浴薄法同层排水施工技术流程	
	准备工作	准备集成卫浴薄法同层排水系统的部品构件	
	实训要求	1. 以小组为单位开展工作； 2. 在实训过程中不得喧哗，保持安静； 3. 学生在实训过程中做好记录	
课后反思	不足之处		
	思政领悟		
	教师评价		
	导师评价		

注：评分标准及评分表详见附录。

项目 7
膜材

任务 7.1　材料认知
任务 7.2　技术性能
任务 7.3　设计要点
任务 7.4　搭配技巧
任务 7.5　新材料构造的典型应用

思维导图

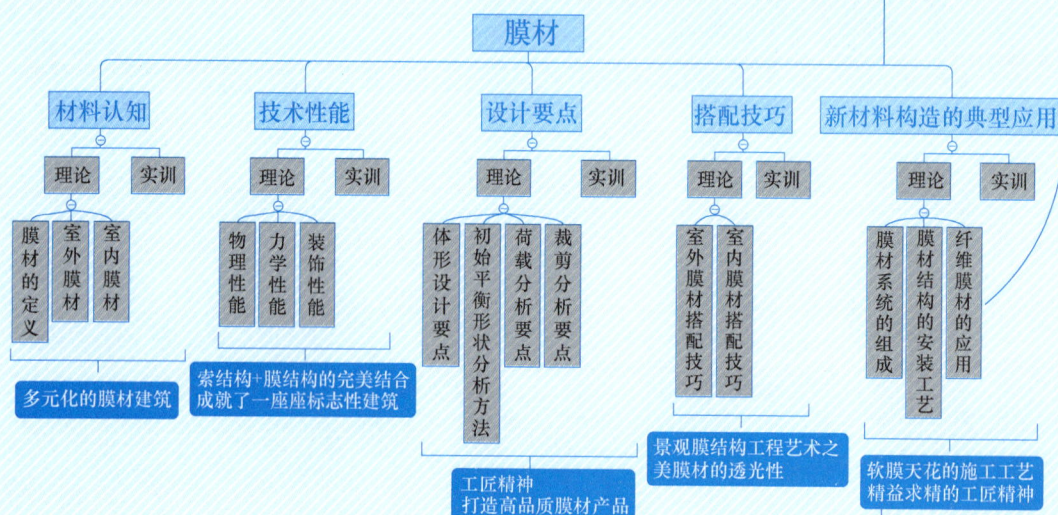

【课前导入】

　　杭州银泰广场景观雨棚是国内首个单层 ETFE 加双层气枕膜完美嵌合的景观雨棚建筑，利用 ETFE 膜材的高透光、高自洁性以及双层气枕的隔热能力，使雨棚在一方面具有遮阳挡雨功能的同时还可以实现自然采光，行人没有传统密封建筑的束缚感；另一方面，ETFE 膜结构建筑是当代最新的建筑应用形式之一，工程高度定制、颜值高、具有唯一性。接下来我们就通过欣赏杭州银泰广场景观雨棚项目案例，来了解学习膜材的基本内涵。

7-1-1
杭州银泰广场
景观雨棚项目
案例

【建议学时】 1 学时

【教学目标】

知识目标	1. 了解膜材的定义； 2. 熟悉室外膜材的种类及用途； 3. 掌握室内膜材的种类及用途
能力目标	对膜材有初步认知能力
素养目标	培养对新事物的探索精神
思政元素	关注装饰材料制作新工艺，运用装饰新材料

7-1-2
膜材的材料
认知

7.1.1 膜材的定义

膜结构工程中所使用的材料，由高强度的织物基材和聚合物涂层构成的复合材料。

7.1.2 室外膜材

室外膜材通常采用涂层与加强构件组成 PVDF 膜材，其特征是不透明、厚度和强度大，常用来遮阳、遮风避雨等。

1. 交通设施膜材

（1）机场膜材

工程名称：南通机场膜材通道雨棚。

膜材：PTFE 材料。

钢结构：无缝钢管与高频焊管结合。

结构样式：张拉式。如图 7-1-1 所示。

（2）加油站膜材

工程名称：高速公路服务区膜材自助加油站。

膜材：PVDF 材料。

钢结构：高频焊管。

结构样式：骨架式。如图 7-1-2 所示。

图 7-1-1　南通机场膜材通道雨棚

图 7-1-2　高速公路服务区膜材自助加油站

（3）收费站膜材

工程名称：广西陆屋大型膜材收费站。

膜材：PVDF 材料。

钢结构：高频焊管。

结构样式：张拉式。如图 7-1-3 所示。

（4）车棚膜材

工程名称：大型商场膜材车棚。

膜材：PVDF 材料。

钢结构：高频焊管与无缝钢管相结合。

结构样式：张拉式。如图 7-1-4 所示。

图 7-1-3　广西陆屋大型膜材收费站

图 7-1-4　大型商场膜材车棚

2. 体育设施膜材

（1）体育场馆膜材

工程名称：大型体育场馆膜材。

膜材：德国杜肯 PTFE 材料。

钢结构：专门用途钢。

结构样式：骨架式与空间结构式结合。如图 7-1-5 所示。

图 7-1-5　大型体育场馆膜材

（2）泳池膜材

工程名称：大型游泳池遮阳棚。

膜材：PVDF 材料。

钢结构：高频焊管。

结构样式：张拉式。如图 7-1-6 所示。

（3）球场膜材

工程名称：美观双层艺术球场膜材遮阳棚。

膜材：PVDF 材料。

钢结构：无缝钢管。

结构样式：张拉与骨架式结合。如图 7-1-7 所示。

图 7-1-6　大型泳池遮阳棚

（4）看台膜材

工程名称：大型起拱膜材体育场看台。

膜材：PVDF、PVC、PTFE 等材料。

钢结构：无缝钢管。

结构样式：骨架式与张拉膜结构相结合。如图 7-1-8 所示。

图 7-1-7　美观双层艺术球场膜材遮阳棚

图 7-1-8　大型起拱膜材体育场看台

3. 景观设施膜材

（1）蒙古包膜材

工程名称：膜材蒙古包。

膜料：PVDF 材料。

结构样式：空间结构式。如图 7-1-9 所示。

（2）景观小品膜材

工程名称：双鱼骨架造型个性景观张拉膜。

膜材：PVDF 材料。

结构样式：骨架式。如图 7-1-10 所示。

（3）公园膜材

工程名称：公园景观造型膜。

膜材：PVDF 材料。

结构样式：张拉骨架式。如图 7-1-11 所示。

图 7-1-9　膜材蒙古包

图 7-1-10　双鱼骨架造型个性景观张拉膜

图 7-1-11　公园景观造型膜

7.1.3　室内膜材

图 7-1-12　室内膜材

室内膜材是一种新型室内设计方式，涉及建筑学、结构力学、精细化工与材料科学、计算机技术等，具有很高的技术含量。

室内膜材可以随着设计师的设计需要灵活多变，根据不同的室内场景、色调、格局、采光等全方位建造出各种美观、个性又富有创意的室内形象，从而达到不同的艺术效果。如图 7-1-12 所示。

🔖 课程思政案例

案例名称	多元化的膜材建筑
案例意义	随着我国经济实力的提高，对新材料研究运用的水平也日益提高，通过了解我国多元的膜材建筑，树立民族自信，从而激发民族自豪感
案例描述	通过观看膜结构建筑集锦，掌握膜材料在国内实际项目运用情况，思考膜材的节能、保温、隔热等性能如何运用在新农村建设中。在乡村振兴建筑室内设计实际项目中。如何发挥膜材绿色装饰材料的积极作用
案例实施	扫码观看案例 7-1-3 多元化的膜材 建筑

📖 学生任务单

项目名称		膜材的材料认知	
学生姓名		班级学号	
课前任务			
自学阐述			
理论认知	重点内容		
	难点标注		
技能实训	基本信息	"膜材"市场调研	
	实训任务	学生能够熟悉和了解膜材的名称、组成和用途	
	准备工作	1.邀请膜材的企业专家； 2.企业专家开办讲座，并且携带展示不同种类的膜材样品； 3.确定讲座会场场地	
	实训要求	1.以小组为单位开展工作； 2.学生安静入座，讲座期间不可大声喧哗，保证会场秩序； 3.在讲座前，学生应该了解该企业的基本情况，在讲座期间做好拍照、摄像、笔记等记录工作	
课后反思	不足之处		
	思政领悟		
	教师评价		
	导师评价		

注：评分标准及评分表详见附录。

任务 7.2 技术性能

■【课前导入】

上节课我们不仅已经学习了膜材的定义，并且详细了解了最常见膜材的应用类别，丰富多彩的膜材构成了我们建筑装饰材料的重要组成部分，之所以选用膜材而非其他建筑材料，是由于膜材所特定的技术性能所决定的，接下来我们就一起学习膜材的物理性能、力学性能以及装饰性能。

■【建议学时】1 学时

■【教学目标】

知识目标	1. 了解膜材的物理性能； 2. 熟悉膜材的力学性能； 3. 掌握膜材的装饰性能
能力目标	1. 通过实验操作检测膜材的物理性能； 2. 通过实验操作检测膜材的力学性能； 3. 从审美角度评价膜材的装饰性能
素养目标	1. 通过实验操作和实训演练等活动，渗透劳动教育； 2. 培养审美意识
思政元素	加强对环保装饰新材料的学习，发扬严谨治学的科学精神

📖 知识与技能

7.2.1　膜材的物理性能

1. 隔热性

膜材表面采用 PVDF（聚偏二氟乙烯）涂层或二氧化钛涂层，具有较好的隔热效果，可反射掉 70% 太阳热能，膜材本身吸收了 17%，传热 13%，而透光率却在 20% 以上，经过 10 年的太阳光直接照射，其辉度仍能保留 70%。

2. 防火性

膜结构建筑所采用的膜材具有卓越的阻燃性和耐高温性，故能很好地满足防火要求。

3. 抗震性

由于结构自重轻，又为柔性结构且有较大变形能力，故抗震性能好。

4. 保温性

单层膜材料的保温功能与砖墙相同，优于玻璃。

7.2.2　膜材的力学性能

1. 张拉性

膜结构中所使用的膜材料约为 $1kg/m^2$，由于自重轻，可加上钢索、钢结构高强度材料的采用，其受力体系简洁合理——力大部分以轴力传递，故膜结构适合跨越大空间形成开阔的无柱大跨度结构体系。

2. 撕拉强度

膜材的撕裂强度比拉伸强度低得多。PVC 膜材具有中等的撕裂强度，PTFE 膜材具有较高的撕裂强度。

注意：实践工程中，许多损坏都是由撕裂形成的，因此在膜结构的规划中要特别注意避免应力集中。

7.2.3　膜材的装饰性能

膜材建筑是 21 世纪最具代表性与充满前途的建筑形式之一，已逐渐应用于体育建筑、商场、展览中心、交通服务设施等大跨度建筑中。打破了纯直线建筑风格的模式，以其独有的优美曲面造型，简洁、明快、刚与柔、力与美的完美组合，呈现给人以耳目一新的感觉，同时给建筑设计师提供了更大的想象和创造空间。

📖 课程思政案例

案例名称	索结构 + 膜结构的完美结合
案例意义	通过欣赏索结构与膜结构结合的建筑，感受物理与建筑的碰撞。让学生充分感受科技之美与艺术之美相融合，激发学生的学习兴趣和学习热情

案例描述	宝安体育馆建筑设计方案具有创新、节能、环保、通透、美观的独特风格，特别是"竹林"造型为国内首创，有节节攀高的寓意。宝安体育馆的屋盖为马鞍形车辐式张拉索膜结构，索、膜全部采用进口材料
案例实施	扫码观看案例 7-2-1 索结构和膜结构的完善结合

📖 学生任务单

项目名称	膜材的技术性能		
学生姓名		班级学号	
课前任务			
自学阐述			
理论认知	重点内容		
	难点标注		
技能实训	基本信息	膜材的技术性能	
	实训任务	通过实验检测，学生可以对膜材的物理性能与力学性能有一个更加深刻的认识	
	准备工作	1.准备 PVC 膜材、PTFE 膜材以及 ETFE 膜材三种膜材的样品； 2.准备检测膜材技术性能的实验工具	
	实训要求	1.以小组为单位开展工作； 2.学生在实验实训过程中保持安静； 3.学生要做好实验记录	
课后反思	不足之处		
	思政领悟		
	教师评价		
	导师评价		

注：评分标准及评分表详见附录。

任务 7.3　设 计 要 点

【课前导入】

上节课我们已经学习了膜材的技术性能，这是认知膜材并且应用膜材的基础，膜材与其他建筑材料不同，会更多地涉及力学知识，因此，了解和认识膜材的设计要点也是非常必要的。

【建议学时】2 学时

【教学目标】

知识目标	1. 了解膜材的体形设计要点； 2. 熟悉膜材的初始平衡形状分析方法； 3. 理解膜材的荷载分析要点； 4. 掌握膜材的裁剪分析要点
能力目标	根据甲方需求以及建筑定位，进行体形设计、初始平衡形状分析、荷载分析以及裁剪分析，设计膜结构膜材方案
素养目标	1. 流程化设计，培养学生的逻辑思维； 2. 分析化设计，培养学生的精益求精的职业素养
思政元素	发扬精细制作、高品质产品输出的工匠精神，注重产品质量、弘扬诚实守信的职业精神

7.3.1 了解膜材的体形设计要点

通过体形设计确定建筑平面形状尺寸、三维造型、净空体量，确定各控制点的坐标、结构形式，选用膜材和施工方案。

7.3.2 熟悉膜材的初始平衡形状分析方法

初始平衡形状分析就是所谓的找形分析。由于膜材本身没有抗压和抗弯刚度，抗剪强度很差，因此其刚度和稳定性需要靠膜曲面的曲率变化和其中预应力来提高。对膜结构而言，任何时候都不存在无应力状态，因此膜结构最终必须满足在一定边界条件、一定预应力条件下的力学平衡，并以此为基准进行荷载分析和裁剪分析。膜结构找形分析的方法主要有动力松弛法、力密度法以及有限单元法等。

7.3.3 理解膜材的荷载分析要点

膜材考虑的荷载一般是风荷载和雪荷载。在荷载作用下膜材料的变形较大，且随着形状的改变，荷载分布也在改变，因此要精确计算结构的变形和应力要用几何非线性的方法进行。

荷载分析可以确定索、膜中初始预张力。在外荷载作用下膜中一个方向应力增加而另一个方向应力减少，这就要求施加初始张应力的程度要满足在最不利荷载作用下应力不致减少到零，即不出现皱褶。因为膜材料比较轻柔，自振频率很低，在风荷载作用下极易产生风振，导致膜材料破坏，如果初始预应力施加过高，膜材涂变加大，易老化且强度储备少，对受力构件强度要求也高，增加施工安装难度，所以初始预应力的确定要通过荷载计算来确定。

7.3.4 掌握膜材的裁剪分析要点

经过找形分析而形成的膜结构通常为三维不可展空间曲面，如何通过二维材料的裁剪，张拉形成所需要的三维空间曲面，是整个膜结构工程中最关键的一个问题。

课程思政案例

案例名称	工匠精神——打造高品质膜材产品
案例意义	随着我国膜材产品运用的日益增多，专业人士对膜材科学研究也日益重视，通过了解我国著名的膜材建筑，树立民族自信，从而激发民族自豪感
案例描述	观看我国膜结构建筑集锦，掌握膜材料在国内实际项目运用情况，思考膜材的节能、保温、隔热等性能如何运用在新农村建设中，在乡村振兴建筑室内设计实际项目中，如何发挥膜材绿色装饰材料的积极作用

案例实施	扫码观看案例
	7-3-1 工匠精神打造 高品质膜材 产品

📖 学生任务单

<table>
<tr><td colspan="2">项目名称</td><td colspan="3">膜材的设计要点</td></tr>
<tr><td colspan="2">学生姓名</td><td></td><td>班级学号</td><td></td></tr>
<tr><td colspan="2">课前任务</td><td colspan="3"></td></tr>
<tr><td colspan="2">自学阐述</td><td colspan="3"></td></tr>
<tr><td rowspan="2">理论认知</td><td>重点内容</td><td colspan="3"></td></tr>
<tr><td>难点标注</td><td colspan="3"></td></tr>
<tr><td rowspan="4">技能实训</td><td>基本信息</td><td colspan="3">膜材设计</td></tr>
<tr><td>实训任务</td><td colspan="3">能够根据甲方需求和建筑定位，设计膜材</td></tr>
<tr><td>准备工作</td><td colspan="3">与项目甲方进行沟通，确定现场勘测时间</td></tr>
<tr><td>实训要求</td><td colspan="3">1. 以小组为单位开展工作；
2. 在勘测项目时，应该保持安静，不得喧哗；
3. 学生在实训过程中做好记录</td></tr>
<tr><td rowspan="4">课后反思</td><td>不足之处</td><td colspan="3"></td></tr>
<tr><td>思政领悟</td><td colspan="3"></td></tr>
<tr><td>教师评价</td><td colspan="3"></td></tr>
<tr><td>导师评价</td><td colspan="3"></td></tr>
</table>

注：评分标准及评分表详见附录。

任务 7.4 搭配技巧

📑【课前导入】

　　上节课我们已经了解到，设计膜材要充分考虑膜材的体形、初始平衡形状、荷载以及裁剪，那么膜材运用到室内外建筑装饰工程中，具体有哪些搭配技巧呢？我们一起来了解和学习。

📝【建议学时】2 学时

🔲【教学目标】

知识目标	1. 熟悉室外膜材的搭配技巧； 2. 掌握室内膜材的搭配技巧
能力目标	1. 根据业主需求和建筑定位，设计室外膜材方案； 2. 根据业主需求与室内装饰风格，设室内膜材方案
素养目标	1. 通过设计室内外膜材搭配方案，培养审美素养； 2. 在设计方案时，不仅要考虑美观性，还要考虑实用性与人文性，培养学生的务实精神以及人文素养
思政元素	坚持绿色节能理念、节能减排的可持续发展战略

7.4.1　室外膜材的搭配技巧

室外膜材主要应用于交通设施、体育设施与景观设施，由于不同的场景所运用的膜材的材质、造型以及钢结构的连接方式也有所区别，所以首先应该考虑适应性原则，无论是色彩搭配、造型搭配还是材质搭配都应该与场景的用途相符合。例如在设计车棚膜材时，其主要目的是遮风避雨，所以应该选择 PVDF 等膜材料，车棚是建筑的配套设施，其整体的格调应该是低调、简约，所以应选择白色膜材。

在设计景观膜材或者某些大型商场、体育场的膜材时，需要充分考虑装饰性和美观性，并且应立足于该建筑物的定位进行搭配。以广西桂林七星公园动物表演场的膜材为例，其膜材采取白色膜材和彩色膜材相结合的方式，整个造型宛如一只翩翩起舞的蝴蝶。蝴蝶翅膀部分采用白色膜材，头部和尾部主要采用红色膜材，这样既能比较好地遮挡阳光雨露又能增加蝴蝶的层次感，使得膜材展现的蝴蝶造型之美得以较好体现。如图 7-4-1 所示。

图 7-4-1　广西桂林七星公园动物表演场膜材

7.4.2　室内膜材的搭配技巧

室内膜材主要起到独特、绚丽的装饰作用，通常应用于艺术馆、海洋馆等场所，在色彩搭配上，一般都是彩色。例如三亚某美人鱼表演场，就是运用 ETFE 膜材制作成了工程美人鱼，十分绚丽多彩，如图 7-4-2 所示。

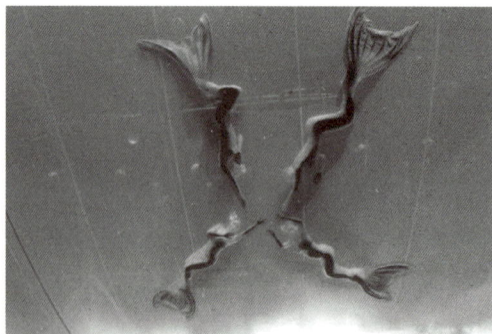

图 7-4-2　艺术馆美人鱼膜材

西安萌特力科教广场，采用 ETFE 膜材与六边形钢结构搭配，制作成了具有科教元素的膜材背景墙。如图 7-4-3 所示。

图 7-4-3　西安萌特力科教广场膜材

📘 课程思政案例

案例名称	景观膜结构工程艺术之美——膜材的透光性
案例意义	欣赏景观膜结构的艺术之美，培养学生审美素养。树立绿色节能的思想理念，坚持节能减排的可持续发展战略
案例描述	景观膜结构结合自然条件，充分发挥建筑师的想象力，根据创意建造出传统建筑难以实现的各种曲线造型，且色彩丰富、富有时代气息，体现结构构件受力之美。景观膜结构巧妙地整合周围的环境，并与园林景观融为一体，创造出让人们尽情享受的快乐空间，给人们一种高贵典雅、浪漫温馨之感。景观膜结构膜材料本身特有的显色性与透光性，在夜间彩灯的映射下能形成绚丽缤纷的景观。
案例实施	扫码观看案例 7-4-1 景观膜结构 艺术之美—— 膜材的透光性

项目名称		膜材的搭配技巧
学生姓名		班级学号
课前任务		
自学阐述		
理论认知	重点内容	
	难点标注	
技能实训	基本信息	膜材工程项目实地考察
	实训任务	能够表达广西桂林七星公园动物表演场膜材项目的设计独特之处
	准备工作	与广西桂林七星公园动物表演场方进行沟通，确定可考察时间
	实训要求	1. 考察膜材项目时，应注意保护现场环境卫生、安静； 2. 用心感知项目的膜材搭配技巧
课后反思	不足之处	
	思政领悟	
	教师评价	
	导师评价	

注：评分标准及评分表详见附录。

任务 7.5　新材料构造的典型应用

📑【课前导入】

　　通过学习本项目前 4 个任务的知识与技能，大家已经对膜材的基本内涵、技术性能、设计要点以及搭配技巧有了深刻的了解，这是前期设计的重要基础，设计的落地需要精益求精的施工工艺，接下来我们就一起了解膜材结构的安装工艺。

✍【建议学时】2 学时

▦【教学目标】

知识目标	1. 熟悉膜材系统的组成； 2. 了解膜材结构的安装工艺； 3. 掌握纤维膜材的应用
能力目标	1. 能够绘制膜材系统组成的节点构造图纸； 2. 能够现场实操膜材结构安装； 3. 培养对纤维膜材的认知能力
素养目标	1. 通过绘制节点构造图纸，培养精益求精的职业素养； 2. 通过现场实操膜材结构安装，培养工匠精神； 3. 通过感知新材料、新工艺，培养创新思维
思政元素	从认识新材料、关注新工艺、使用新技术三方面落实精益求精的工匠精神

7.5.1　膜材系统的组成

膜材结构体系由膜面、边索、脊索、支承结构、锚固系统以及各部分之间的连接节点等组成。

7-5-1
新材料构造的
典型应用——
软膜天花

7.5.2　膜材结构的安装工艺

1.各构件或组件在安装前，要对其标记、几何尺寸、安装孔距等进行认真的检查，确认无误后，方可安装。

2.校核测量预埋件的埋设精度是否与设计图纸一致。

3.将配套胎架和临时吊装支架吊装上楼顶并配置到位。

4.将桅杆分段及其他散件用汽车式起重机吊上。

5.在安装好桅杆上膜的张紧装置后，刚性连接牢固。

6.将中间相连的桅杆和临时吊装支架安装到位，然后将其他两道横向桁架拼装成型，用临时支架固定在各自的预定位置。

7.从中部开始向两边，逐次将纵向架安装到位并点焊定位。在测量位置、形状、相对距离等参数无误后进行定位焊接。

8.待全部焊接工作结束24h后，进行整个构架的完工测量。

7.5.3　纤维膜材的应用

1.软膜天花

A级软膜天花是特殊高度复合材料，上下硅涂层，中间玻璃纤维布防火，厚度为0.20mm，是一种新型的不燃环保透光材料，具有非常不错的透光性和防火性能，可创造出柔和漫射光源，增加优雅氛围。尤其是达到了国内认可的A级不燃防火性能，特别适合在防火要求较高的场所；而在室内设计应用上，A级软膜天花也满足了设计师对空间设计的立体感及光源设计的层次感的要求。如图7-5-1所示。

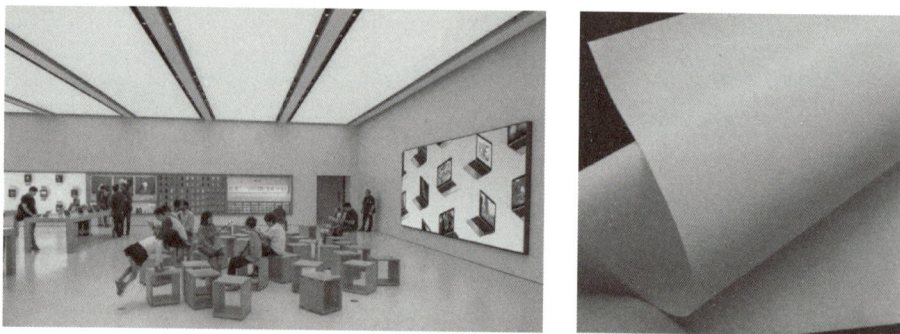

图7-5-1　软膜天花

2. 污水池加盖膜材

采用了抗腐蚀能力很强的氟碳纤膜把废气罩住，钢结构在外面将膜结构悬吊稳定。发挥了氟碳纤膜的抗腐蚀性能，从根本上解决了钢结构与腐蚀性气体接触带来的腐蚀问题。

由于膜材自重轻、抗拉强度很大，膜结构可以从根本上克服传统结构在大跨度（中间无支撑）建筑上实现所遇到的困难，适用于大跨度的池体。所有钢支撑反吊膜结构均为密封体且膜结构造型为光滑曲面（负高斯曲面），风荷载体形系数小，抗风等级高，可按照抵抗 12 级台风设计。如图 7-5-2 所示。

图 7-5-2　污水池加盖膜材

📖 课程思政案例

案例名称	软膜天花的施工工艺
案例意义	通过关注膜材结构的施工细节，渗透精益求精的工匠精神，了解建筑装饰材料中新材料、新工艺、新技术的深刻内涵
案例描述	通过观看施工项目的现场膜材结构现场施工的过程视频，掌握建筑装饰材料中新材料、新工艺、新技术的发展趋势，将"三新"理念融入建筑室内设计中
案例实施	扫码观看案例 7-5-2 软膜天花的施工工艺

项目名称		膜材——新材料构造的典型应用	
学生姓名		班级学号	
课前任务			
自学阐述			
理论认知	重点内容		
	难点标注		
技能实训	基本信息	膜材——新材料的典型构造工艺	
	实训任务	理解膜材结构的构造以及安装工艺	
	准备工作	1.准备膜材系统模型； 2.可以进行膜材结构施工实训的场地	
	实训要求	1.以小组为单位开展工作； 2.在实训过程中不得喧哗，保持安静； 3.学生在实训过程中做好记录	
课后反思	不足之处		
	思政领悟		
	教师评价		
	导师评价		

注：评分标准及评分表详见附录。

项目 8
涂料

任务 8.1　材料认知
任务 8.2　技术性能
任务 8.3　选用原则
任务 8.4　搭配技巧
任务 8.5　新材料构造的典型应用

思维导图

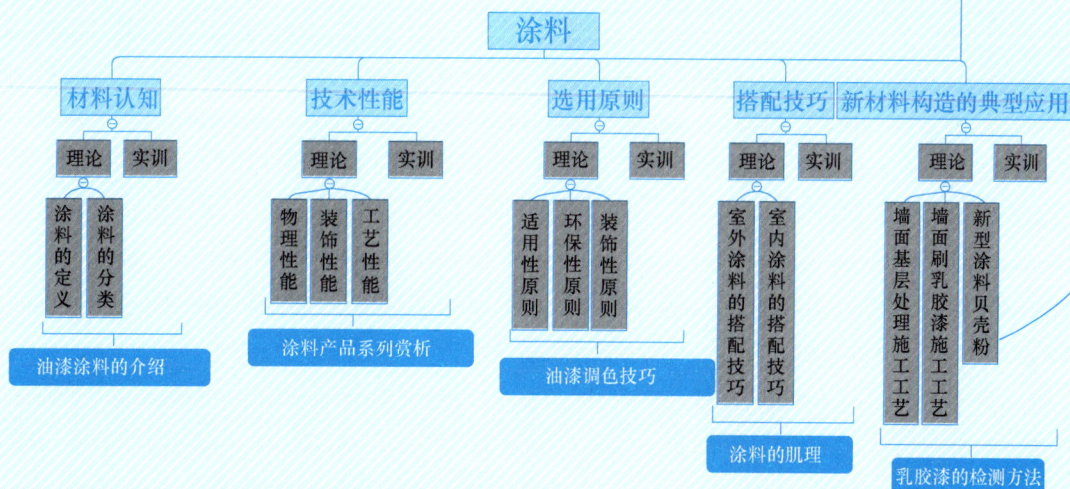

📖【课前导入】

居住空间涂料装饰设计方案对于营造舒适、安全的住宅环境起到了重要的作用，对于居住空间装饰效果影响较大的材料之一就是涂料，涂料不仅种类多，而且色彩丰富，不同的颜色带来了不同的视觉效果。接下来我们就通过欣赏居住空间项目案例，来了解学习涂料的基本概念。

8-1-1
居住空间涂料
装饰项目案例

✍【建议学时】1 学时

⊞【教学目标】

知识目标	1. 了解涂料的定义； 2. 熟悉涂料的分类； 3. 掌握不同种类的涂料的用途和特征
能力目标	对涂料的初步认知能力
素养目标	培养对涂料种类的认知水平
思政元素	传承优秀的传统手工艺，发扬独具匠心的工匠精神

8.1.1 涂料的定义

涂料是一种材料，这种材料可以用不同的施工工艺涂覆在物件表面，形成粘附牢固、具有一定强度、连续的固态薄膜。这样形成的膜通称涂膜，又称漆膜或涂层。

8-1-2
涂料的材料
认知

8.1.2 涂料的分类

涂料根据用途不同可以大致分为内墙涂料、外墙涂料以及木器漆。

1. 内墙涂料

（1）液态涂料

乳胶漆是最常见的液态涂料，乳胶漆包括底漆和面漆，底漆用来增强与基层的附着力，面漆则是呈现光泽度与色彩。

乳胶漆可以调配出各种颜色，但是没有肌理，主要采用滚涂、刷涂或者喷涂的方式，涂刷在室内墙面或者地面上，有高光和平光两种装饰效果。如图 8-1-1 所示。

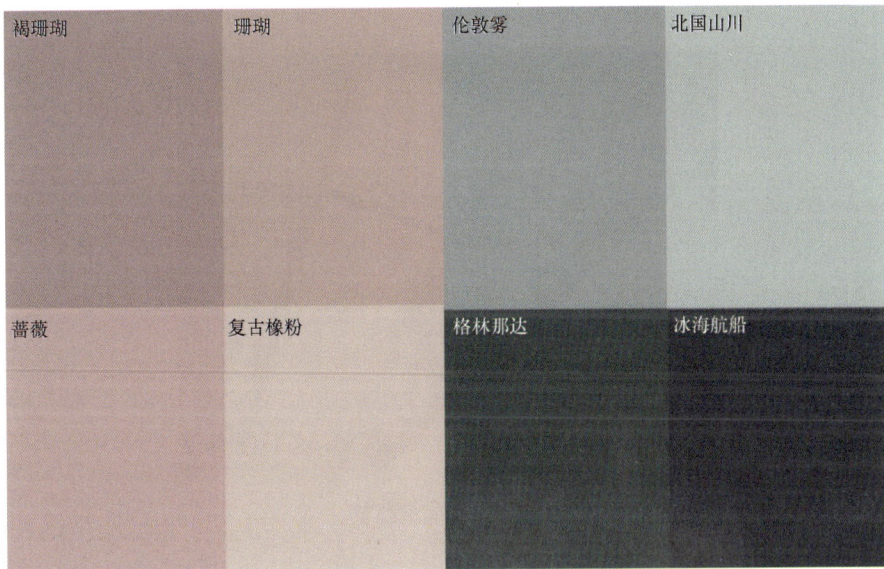

图 8-1-1　乳胶漆色卡

（2）粉末涂料

粉末涂料是新型的室内涂料，包括硅藻泥、海藻泥、活性炭墙材等，是目前比较环保的涂料。粉末涂料，可以直接兑水，工艺配合专用模具施工。

粉末涂料与乳胶漆相比，其优点是更加环保，纹理更加丰富，缺点是颜色种类较少，对于施工工人的工艺手法要求更高，一般适用于高端场所的室内装饰。如图 8-1-2 所示。

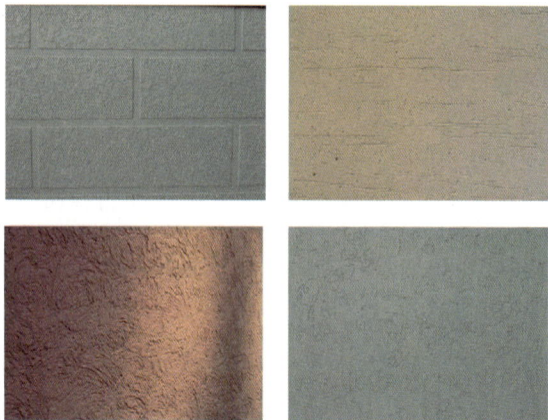

图 8-1-2　硅藻泥色卡

2. 外墙涂料

外墙涂料由于是用于涂刷建筑外立墙面的，所以最重要的一项指标就是抗紫外线照射，要求达到长时间照射不变色。外墙涂料还要求有抗水性、自涤性，能用于内墙涂刷；而内墙涂料却不具备抗晒功能，所以不能把内墙涂料当外墙涂料用。如图 8-1-3 所示。

图 8-1-3　外墙涂料

3. 木器漆

木器漆是指用于木制品上的一类树脂漆，有聚酯漆、聚氨酯漆等，可分为油性和水性。油性漆相对硬度更高、丰满度更好，但是水性漆环保性更好。按光泽可分为高光、半亚光、亚光。按用途可分为家具漆、地板漆等。如图 8-1-4 和图 8-1-5 所示。

4. 基层涂料

在原墙面、顶面涂刷乳胶漆之前，为了保证涂饰效果与质量，通常需要涂饰基层涂料，包括界面剂和腻子两种类型。界面剂的作用是用为了防尘固沙，腻子的作用则是为了找平、找补，同时增加乳胶漆与墙面的附着力。如图 8-1-6 和图 8-1-7 所示。

图 8-1-4　水性木器漆

图 8-1-5　油性木器漆

图 8-1-6　界面剂

图 8-1-7　腻子

📘 课程思政案例

案例名称	油漆涂料的介绍
案例意义	通过学习油漆涂料引导学生学会选择环保达标的涂料，所选涂料必须符合国家规范
案例描述	油漆是常用的装饰材料，目前建材市场上油漆的销售品类有千余种，但常用的主要有清油、混油、厚漆、调合漆、清漆等
案例实施	扫码观看案例 8-1-3 油漆涂料的 介绍

📖 学生任务单

项目名称		涂料的材料认知	
学生姓名		班级学号	
课前任务			
自学阐述			
理论认知	重点内容		
	难点标注		
技能实训	基本信息	涂料市场调研	
	实训任务	学生能够熟悉和了解涂料的名称、分类和用途	
	准备工作	1. 邀请涂料的企业专家； 2. 企业专家开办讲座，并且携带展示不同种类的涂料样品； 3. 确定讲座会场场地	
	实训要求	1. 以小组为单位开展工作； 2. 学生安静入座，讲座期间不可大声喧哗，保证会场秩序； 3. 在讲座前，学生应该了解该企业的基本情况，在讲座期间做好拍照、摄像、笔记等记录工作	
课后反思	不足之处		
	思政领悟		
	教师评价		
	导师评价		

注：评分标准及评分表详见附录。

任务 8.2　技术性能

【课前导入】

　　上节课我们不仅学习了涂料的定义，并且详细了解了最常见涂料的基本特性，丰富多彩的涂料构成了我们建筑装饰材料的重要组成部分，之所以选用涂料而非其他建筑材料，是由于涂料所特定的技术性能所决定的，接下来我们就一起学习涂料的物理性能、工艺性能以及装饰性能。

【建议学时】 1 学时

【教学目标】

知识目标	1. 了解涂料的物理性能； 2. 熟悉涂料的工艺性能； 3. 掌握涂料的装饰性能
能力目标	1. 通过观察、触摸等实验操作认知涂料的物理性能与工艺性能； 2. 从审美角度评价涂料的装饰性能
素养目标	1. 通过观察、触摸等实验操作，培养学生精益求精的精神； 2. 培养爱小家、爱大家、爱国家的家国情怀
思政元素	树立爱家爱国的家国精神、传承和发扬本土地域文化

8.2.1 涂料的物理性能

1. 耐碱、耐水性好，不易粉化。由于墙面多带有碱性，要求涂料有一定的耐碱性，否则会因碱性腐蚀而泛黄。同时为保持内墙洁净，有时需要洗刷，为此必须有一定的耐水、耐洗刷性。

2. 透气性、吸湿排湿性好。若室内湿度大，且墙面透气性不好，会在墙面结露，将给人带来不适感。

8.2.2 涂料的工艺性能

绝大多数建筑物暴露在自然界中，外墙和屋顶在阳光、大气、酸雨、温差、冻融、侵蚀介质的作用下，会产生变质、变色、风化、剥落等破坏现象。室内的内墙、地面、顶棚和家具等，在水汽、磨损和侵蚀介质等的作用下，也会产生一系列的破坏。

当建筑物和建筑构件表面使用了这些基层的涂料后，可以将这些基层面覆盖起来，起到保护基层的作用，从而提高材料的耐磨性、耐水性、耐候性、耐化学侵蚀性和抗污染性，延长建筑物和建筑构件的使用寿命。

利用建筑装饰涂料具有的各种特性和不同施工方法，不仅能够提高室内的自然亮度、获得吸声隔声的效果，而且还能给人们创造出良好的生活和学习气氛及舒适的视觉审美感受。

对于有防水、防火、防腐、防静电、防尘等特殊要求的部位，涂刷相应性能的涂料，均可以获得显著的工艺效果。

8.2.3 涂料的装饰性能

涂料不仅花色品种繁多、色泽艳丽光亮，而且还可以满足各种类型建筑的不同装饰艺术要求，使建筑形体、建筑环境和建筑艺术协调一致。工程实践证明，许多新型的装饰涂料具有美妙的视觉感受，能够从不同角度观察到不同的色彩和图案；有些建筑装饰涂料还可以产生立体效果，在凹凸之间创造良好的空间感受和光影效果；新型的丝感涂料和绒质涂料，更给人以温馨的视觉感受和柔和的触摸手感。如图 8-2-1 所示。

图 8-2-1　涂料的装饰效果

📘 课程思政案例

案例名称	涂料产品系列赏析
案例意义	通过学习涂料的产品系列，了解涂料丰富的装饰效果，引导学生养成广阔的学习视野
案例描述	硅藻泥作为涂料产品中的一种，具有环保、安全、图案色彩丰富等特点，以硅藻泥产品系列为例，抛砖引玉学到更多涂料的优点
案例实施	扫码观看案例 8-2-1 涂料产品系列 赏析

📖 学生任务单

项目名称		涂料的技术性能	
学生姓名		班级学号	
课前任务			
自学阐述			
理论认知	重点内容		
	难点标注		
技能实训	基本信息	测评涂料的物理性能和工艺性能	
	实训任务	通过实验检测，学生可以对涂料的物理性能与工艺性能有一个更加深刻的认识	
	准备工作	1.准备乳胶漆、硅藻泥、木器漆、室外涂料等涂料样品； 2.学生应佩戴口罩、手套等防护措施	
	实训要求	1.以小组为单位开展工作； 2.学生在观察、触摸涂料时应该防止涂料碰溅到衣物和身体； 3.学生要做好观察和触摸的实训记录	
课后反思	不足之处		
	思政领悟		
	教师评价		
	导师评价		

注：评分标准及评分表详见附录。

任务 8.3　选用原则

【课前导入】

在将涂料应用到室内外建筑装饰工程时，需要选用最佳的规格、类别以及样式，即要遵循一定的选用原则，接下来我们就一起来学习在选用涂料时需要遵循的适用性原则、环保性原则以及装饰性原则的具体含义。

【建议学时】2 学时

【教学目标】

知识目标	1.了解涂料的适用性原则的含义； 2.熟悉涂料的环保性原则的含义； 3.掌握涂料的装饰性原则的含义
能力目标	综合运用适用性原则、环保性原则以及装饰性原则，选用最佳的内墙涂料、外墙涂料、木器漆以及基层涂料的类型
素养目标	1.通过运用适用性原则，培养务实作风； 2.通过运用环保性原则，培养环保理念； 3.通过运用装饰性原则，培养审美意识
思政元素	树立绿色环保的理念，坚定不移地走可持续发展道路

8.3.1　适用性原则

　　涂料种类丰富，包含内墙漆、外墙漆、木器漆以及基层涂料，但每一种涂料都只能应用于各自的饰面表层。如，内墙涂料只能涂饰在室内，外墙涂料只能涂饰在室外墙面，木器涂料只能作为木器饰面，而像是腻子、界面剂等基层涂料只能用在基层，所以，在选用涂料时，首先应该考虑适用性原则，根据饰面的性质选择涂料的种类。

　　在确定涂料种类之后，例如涂饰室内墙面确定选用内墙涂料后，还要根据建筑定位、业主需求、消费水平选用内墙涂料的种类，内墙涂料包括乳胶漆、硅藻泥、海藻泥，其涂饰效果与价格也有很大的差距。如，硅藻泥等新型内墙涂料的环保等级高于乳胶漆等材料，如果家庭中有小孩或者老人时，可以推荐业主选用硅藻泥作为内墙涂料。

8-3-1
涂料的选择
要点

8.3.2　环保性原则

　　涂料中所含的甲醛等有害物质会对人体造成伤害，涂料的环保等级已经越来越引起人们的重视，尤其是用于室内的内墙涂料、基层涂料与木器漆，要符合国家环保标准。所以，在选用涂料时，需要运用环保性原则来选用涂料的类型和种类。

8.3.3　装饰性原则

　　除了基层涂料以外，其他所有的涂料几乎都是应用在了饰面最表层，所以涂料的颜色、纹理、光泽度等特性对整个建筑的装饰风格会产生重要的影响。所以在选用涂料时也要充分考虑装饰性原则，让涂料为室内外装饰效果增分添彩。

　　建筑的装饰效果主要是由质感、线性和色彩这三方面决定的，其中线性是由建筑结构及饰面方法所决定的，而质感和色彩则是构成涂料装饰效果优劣的基本要素。所以在选用涂料时，应考虑到所选用的涂料与建筑的协调性及对建筑形体设计的补充效果。

💬 **课程思政案例**

案例名称	油漆调色技巧
案例意义	通过学习油漆的调色技巧，培养学生色彩感觉，提高动手操作的能力。发扬勤奋、钻研的工匠精神
案例描述	油漆是一种主要涂料材料，油漆的颜色对于空间氛围的烘托有很大的影响，因为设计装修的风格不同，所以很多颜色并不能达到立即使用的需求，这时就需要我们动手配置油漆的颜色
案例实施	扫码观看案例 8-3-2 油漆调色 技巧

学生任务单

项目名称	涂料的选用原则		
学生姓名		班级学号	
课前任务			
自学阐述			
理论认知	重点内容		
	难点标注		
技能实训	基本信息	涂料的选用原则	
	实训任务	1. 能够准确分析业主需求、建筑定位以及室内装饰风格; 2. 能够综合运用适用性原则、环保性原则以及装饰性原则选用涂料	
	准备工作	询问业主需求,明确装饰风格,确定建材市场的涂料商家	
	实训要求	在建材市场选用涂料时,不得喧哗吵闹,保持安静,并且做好选用记录和选材心得	
课后反思	不足之处		
	思政领悟		
	教师评价		
	导师评价		

注:评分标准及评分表详见附录。

任务 8.4 搭配技巧

【课前导入】

上节课我们已经了解了选用涂料所需要遵循的适用性原则、环保性原则以及装饰性原则，除了要遵循选用原则以外，还要遵循一定的搭配技巧，这样才能呈现出最佳的涂饰效果。

【建议学时】2 学时

【教学目标】

知识目标	1.熟悉室外涂料的搭配技巧； 2.掌握室内涂料的搭配技巧
能力目标	1.根据业主需求和建筑定位，设计室外涂料方案； 2.根据业主需求与室内装饰风格，设计室内涂料方案
素养目标	1.通过设计室内外涂料搭配方案，培养审美素养； 2.设计方案不仅要考虑美观性，还要考虑适用性与环保性，培养学生的环保意识
思政元素	树立有国才有家的家国思想；发扬爱家、爱国的家国精神

8.4.1　室外涂料的搭配技巧

建筑物的一个立面上颜色不宜过多，通常应以一种颜色为主，其他颜色处于从属地位。如果有几种颜色同时使用，应尽量采用同一色相的、深浅明暗变化的颜色。

大面积的外墙立面，应避免使用过纯、过鲜艳的颜色，如纯白、嫩黄、大红、翠绿等。采用暗一些的颜色容易与周围环境协调，视觉效果较好。

从长远的眼光考虑，外墙立面的颜色还应考虑到耐久性和耐沾污性。浅淡明亮、过于鲜艳的颜色容易粘污，蓝色颜料容易褪色，一般都应少采用；而土黄、驼色、灰色等颜料的耐久性较好。

外墙立面的颜色应根据建筑物所处的环境来考虑。环境开阔、面临广场和交通主要干道的建筑，颜色应适当深一些；而狭窄的街道、居民建筑群中的建筑，颜色应稍浅一些为宜。选用颜色时，还应避免与周围已有建筑的颜色雷同或形成过于强烈的对比。如图 8-4-1 和图 8-4-2 所示。

图 8-4-1　北京远洋海晏春秋

图 8-4-2　水包水仿石涂料

8.4.2　室内涂料的搭配技巧

在办公空间等场合，墙面、顶面通常选用白色；在家庭室内等装修项目中，通常都需要考虑内墙涂料的色彩搭配，主要有以下几种色彩搭配技巧：

1. 根据装修风格选择

整体装修的风格是确定墙面颜色的基础，个性化、温馨和谐、简约清新的风格，搭配颜色各不相同。以白、黑、深灰、浅灰等做大面积色，小面积色则根据整体风格走向加以点缀。

2. 根据户型大小选择

户型大小对于颜色的选择搭配有一定影响，大面积户型可以大胆选用撞色搭配，凸显个性风格；小面积户型则建议以单一高明度颜色为主打，扩充视线，顶部空间大多建议采用浅色内墙涂料为主。

3. 根据用途定位选择

例如，客厅的用途定位是用来休闲、接待，所以颜色的搭配以大气、时尚、庄重为主选，浅色调的颜色更能彰显标准，如白、灰、黑等简约色系。

4. 根据空间朝向选择

房间朝向会影响客厅整体的采光效果，为了增强空间采光效果，对色彩搭配也有一定的要求。东朝向房选浅暖色调，西朝向房选深冷色调。如图8-4-3所示。

图 8-4-3　室内涂料搭配

📖 课程思政案例

案例名称	涂料的肌理
案例意义	随着涂料的生产工艺越来越透明、使用越来越广泛，人们也越来越乐于接受丰富多彩的涂料，这将大大提升人们对涂料的认可度与使用率，同时促进了我国绿色环保装饰材料的发展
案例描述	通过观看涂料的肌理在建筑设计、室内设计等多种空间中应用的实际案例，掌握涂料在国内实际项目运用情况。涂料的易施工、可清洗、便于翻新、自重轻、无毒、无害、无污染、纯天然原料提取等优点众多，可以很好地推广运用在新农村建设中
案例实施	扫码观看案例 8-4-2 涂料的肌理

项目名称		涂料的搭配技巧	
学生姓名		班级学号	
课前任务			
自学阐述			
理论认知	重点内容		
	难点标注		
技能实训	基本信息	室内装饰工程项目实地考察	
	实训任务	能够表达本住宅小区室外涂料搭配与室内涂料搭配的设计独特之处	
	准备工作	与住宅小区业主进行沟通,确定可考察时间	
	实训要求	1. 考察时,应注意保护现场环境卫生、安静; 2. 通过观察与思考、拍照记录等实训环节,学习项目的外墙涂料搭配技巧与内墙涂料搭配技巧	
课后反思	不足之处		
	思政领悟		
	教师评价		
	导师评价		

注:评分标准及评分表详见附录。

任务 8.5　新材料构造的典型应用

📖【课前导入】

    通过学习本项目前 4 个任务的知识与技能，大家已经对涂料的基本内涵、技术性能、选用原则以及搭配技巧有了深刻的了解，这是前期设计的重要基础，设计的落地需要精益求精的施工工艺。随着人们生活水平提升以及对材料环保的需求，在建筑装饰材料领域出现了诸多新材料与新工艺，其中贝壳粉就是绿色环保的新涂料之一，深受家庭中有老人、小孩的业主的喜爱，接下来我们就一起了解墙面基层处理、刷乳胶漆以及贝壳粉的弹涂施工工艺。

📝【建议学时】2 学时

▦【教学目标】

知识目标	1. 了解墙面基层处理的施工工艺； 2. 掌握墙面刷乳胶漆的施工工艺； 3. 了解贝壳粉的弹涂工艺与浮雕手绘工艺
能力目标	1. 能够现场实操墙面基层处理施工工艺； 2. 能够现场实操墙面刷乳胶漆施工工艺； 3. 能够现场实操贝壳粉的弹涂工艺与浮雕手绘工艺
素养目标	1. 通过现场实操材料的施工工艺，培养学生的匠心精神； 2. 通过了解和认识新材料与新工艺，培养学生的创新思维
思政元素	从认识新材料、关注新工艺、使用新技术三方面落实精益求精的工匠精神，培养诚实守信的劳动精神

8.5.1　墙面基层处理施工工艺

1. 铲墙皮

在房子交付时，墙面上是原始腻子，也就是"工业大白"，不仅极易脱落，而且环保等级较低，所以在装修入住之前，基层处理的第一步就是铲墙皮。师傅在用铲刀铲除墙皮之前，通常需要用滚筒浸润清水，然后将清水滚刷在墙面上，便于铲掉墙皮。如图 8-5-1 所示。

图 8-5-1　铲墙皮施工现场

2. 刮腻子

刮腻子过程需要以下几个步骤：

（1）墙面清理。首先用刮刀将墙面颗粒、石子刮除干净，墙面上还有一些浮灰，用毛巾将其擦除干净。

（2）调配腻子。在水桶里倒入腻子粉，腻子粉与水的比例为 1 ： 0.5，然后用电动搅拌器搅拌 2min。

（3）刮第一遍腻子。首先用刮刀铲起腻子放在抹子上，然后用抹子抹在墙面上，顺序是先自上而下，再自下而上，即连续的两次方向是相反的，这样可以将刮痕抹掉。

（4）打磨。打磨所需的工具是砂光机和手电筒，主要是把接缝处的凸起磨平。

（5）清理墙面。打磨之后的墙面会有很多浮灰，可以用吹风机吹掉浮灰，在现场操作时，施工人员应采取佩戴口罩、头罩等防护措施。

（6）刮第二遍腻子。第二遍腻子要比第一遍的腻子薄，一般 3mm 左右，静置 4h 后就可以晾干了。

（7）抛光、平整度处理。用砂光机对墙面和吊顶进行抛光，直到腻子表面能反光，然后用靠尺检测墙面、吊顶的平整度。

（8）刮第三遍腻子。第三遍腻子比第二遍腻子还要薄，几乎看不出刀痕，主要是填补一些坑槽，让腻子表面更加平整、光滑，晾干之后再进行打磨、清理墙面即可。如图 8-5-2 所示。

8.5.2 墙面刷乳胶漆施工工艺

1. 刷底漆

底漆是白色乳液，用滚筒刷按照顺序刷在墙面和吊顶上。刷完底漆后的墙面更具光泽感，可以很好地封闭墙面基层，同时提高面漆的附着力。

2. 乳胶漆调色

乳胶漆调色主要包括两种方式：电脑调漆和现场调漆。

电脑调漆是业主在色卡上选择色号，再在电脑上输入编号后直接调配出色浆，注入白色乳胶漆之后，

图 8-5-2　刮腻子

通过机器混合搅拌，最终形成色漆；现场调漆是根据色卡编号，准备好对应的色浆，然后作业人员在现场用搅拌机进行搅拌混合。

无论是电脑调漆还是现场调漆，都需要试色，并且要与色卡上的颜色进行比对，如果色差较大，则需要重新调配。

3. 第一遍面漆

用滚筒刷蘸取白色乳胶漆，滚刷顶面，用滚筒刷蘸取墙面色漆，保证滚筒面色漆均匀，再次滚刷在墙面，注意多次收光。大面积滚涂完成之后，用毛刷在顶面、墙面的交界处细致地清理、补漆。

4. 第二遍面漆

第一遍面漆晾干之后，要用砂纸进行打磨，保证墙面平整、干净，第二遍面漆与第一遍面漆施工方式一样，首先用毛刷将顶面与墙面的交界线清理、涂刷一遍，然后用滚筒刷按照顺序滚涂乳胶漆，注意要多收"几道光"，这样才看不见滚筒的印子，使墙面更加光滑。如图 8-5-3 所示。

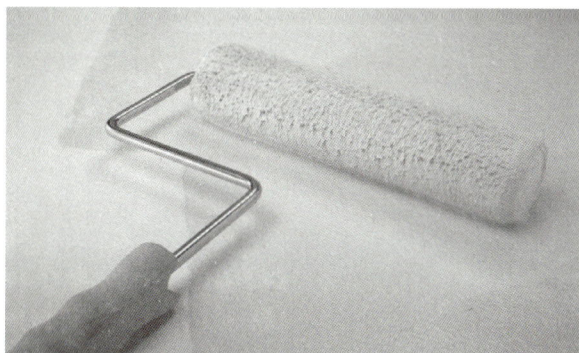

图 8-5-3　滚涂乳胶漆

8.5.3 新型涂料——贝壳粉

1. 贝壳粉的性能优势

贝壳粉是指贝壳经过粉碎研磨制成的粉末，其 95% 的成分是碳酸钙以及甲壳素，还有少量氨基酸和多糖物质，可以用作食品、化妆品以及室内装修的高档材料，还可应用于畜禽饲料及食品钙源添加剂、饰品加工、干燥剂等。

贝壳粉涂料是近年来新兴的家装内墙涂料，环保是其最重要的优势。

2. 贝壳粉的弹涂工艺

首先在备用桶中倒入贝壳粉与水，其比例为 1 ∶ 1.2，然后搅拌均匀，再用 80 目的筛网过滤，最后用滚筒刷在卡纸上滚涂一遍贝壳粉，底色干燥后，用喷枪喷涂贝壳粉，喷涂要均匀不能漏底，待六成干的时候用收光刀收光，收完等干燥即可。

3. 贝壳粉的浮雕手绘工艺

（1）施工前做好现场准备工作，施工面基底涂刷封底漆或底油，可以有效防止饰面开裂及出现色差。

（2）严格按照规定比例添加自来水，并用电动搅拌机充分搅拌均匀。

（3）施工过程中避免阳光直接暴晒，以防止影响施工质量。

（4）不宜在 0℃ 以下环境中施工。

（5）贝壳粉壁材是一次成型，一般完工后，夏季保养 24h，冬季需保养 48h。

（6）在保养过程中，避免碰撞，一旦在保养过程中发生碰撞，修补会产生接缝，影响整体的美观效果。

📘 课程思政案例

案例名称	乳胶漆的检测方法
案例意义	通过学习乳胶漆的检测方法，引起对工程质量安全的思考
案例描述	乳胶漆的检测方法主要有：1. 遮盖力测试；2. 附着力测试；3. 漆膜韧性测试；4. 耐水性测试；5. 耐污性测试。通过以上五个方法对乳胶漆进行测试，可辨别乳胶漆的质量是否优良
案例实施	扫码观看案例 8-5-2 硅藻泥产品介绍

项目名称		涂料——新材料构造的典型应用
学生姓名		班级学号
课前任务		
自学阐述		
理论认知	重点内容	
	难点标注	
技能实训	基本信息	涂料——新材料构造施工工艺
	实训任务	1. 可以现场进行基层处理施工、乳胶漆施工实训； 2. 理解和掌握贝壳粉性能优势以及施工要点
	准备工作	1 可以进行涂料结构施工实训的场地； 2. 涂料施工所用的材料及工具
	实训要求	1. 以小组为单位开展工作； 2. 在实训过程中不得喧哗，保持安静； 3. 学生在实训过程中做好记录
课后反思	不足之处	
	思政领悟	
	教师评价	
	导师评价	

注：评分标准及评分表详见附录。

项目 9
金属构配件

任务 9.1　材料认知
任务 9.2　技术性能
任务 9.3　选用原则
任务 9.4　搭配技巧
任务 9.5　新材料构造的典型应用

思维导图

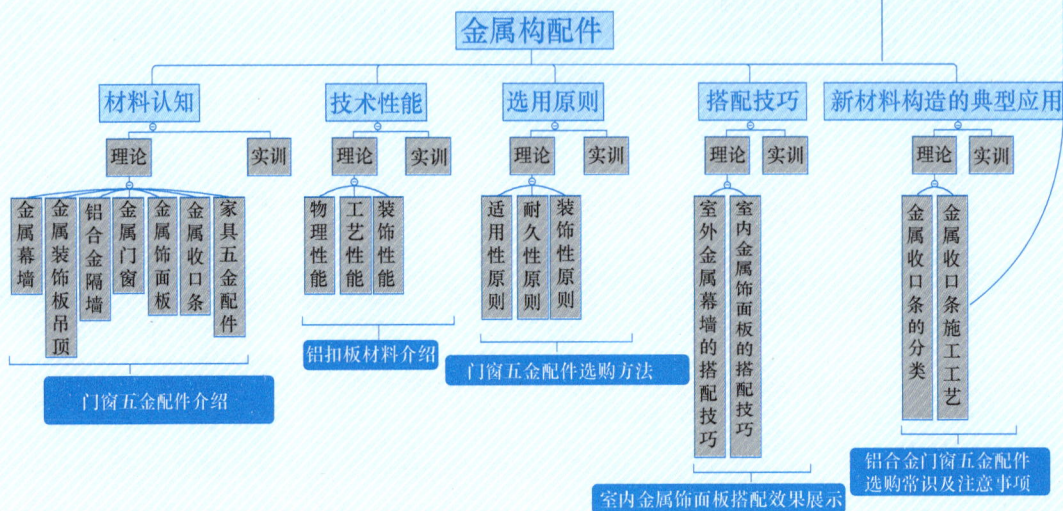

📋【课前导入】

郑州建业只有·剧场酒店是集旅游、餐饮、接待、住宿于一体的高端主题酒店综合体。酒店整体以华夏文明为灵感,书写出河南本土文化的风土人情,酒店主体由五栋连体大楼组成,一字排开,显得灼灼有力、庄严肃穆,酒店运用了大量的金属元素,接下来我们通过欣赏该项目案例,来了解和认识一下金属构配件的基本内涵。

9-1-1
郑州建业只有·
剧场酒店项目案例

✍【建议学时】1 学时

▦【教学目标】

知识目标	1. 熟悉金属构配件的分类; 2. 掌握不同种类的金属构配件的用途和特征
能力目标	对金属构配件有初步认知能力
素养目标	培养对事物的认知探索精神
思政元素	发扬去粗存精的工匠精神,坚持优良的传统手工工艺的传承

金属在建筑装饰中应用十分广泛，在建筑室外装饰时，金属构配件主要应用于金属幕墙；在建筑室内装饰时，金属构配件的应用主要包括：金属装饰板吊顶、铝合金隔墙、金属门窗、金属饰面板、金属收口条以及家具的五金件等。

9.1.1　金属幕墙

金属幕墙是一种新型的建筑幕墙，实际上是将玻璃幕墙中的玻璃更换为金属板材的一种幕墙形式。但由于板材的不同，两者之间又有很大的区别，所以在设计施工过程中应对其分别进行考虑。随着金属幕墙技术的发展，金属幕墙面板材料种类越来越多，例如：铝复合板、单层铝板、铝蜂窝板、防火板、夹心保温铝板、不锈钢板、彩涂钢板、珐琅钢板等。

金属幕墙所用的材料主要有面板材料、骨架材料、建筑密封材料。

目前，在金属幕墙工程中常用的面板材料主要为质量较轻的铝合金板材，如铝合金单板、铝塑复合板、铝合金蜂窝板。另外，还可采用不锈钢板。铝合金板材和不锈钢板的技术性能应达到国家标准及设计要求，并应有出厂合格证和相关的试验证明。如图 9-1-1 所示。

图 9-1-1　金属幕墙

9.1.2　金属装饰板吊顶

金属装饰板是指用一种以金属为表面材料复合而成的新型室内装饰材料，是以金属板、块为装饰材料通过镶贴或构造连接安装等工艺与墙体表面形成的装饰层面。

金属装饰板吊顶是配套组装式吊顶中的一种。主要特点是质量较轻、安装方便、施工速度快，安装完毕即可达到装修效果，集吸声、防火、装饰、色彩等功能于一体。

金属装饰板材吊顶主要分为条形板、方块形板或矩形板，其中条形板包括封闭式、扣板式、波纹式、重叠式；方块形板或矩形板包括藻井式、内圆式、龟板式等。如图 9-1-2 所示。

9.1.3　铝合金隔墙

铝合金隔墙使用铝合金框架作为装饰和固定材料，将整块玻璃（单层或双层）安装在铝合金框架内，从而形成整体隔墙的效果。工程实践证明，铝合金和钢化玻璃墙体组合极具现代风格，体现简约、时尚、大气的风格。

铝合金型材是在纯铝中加入锰、镁等合金元素经轧制而制成，具有质轻、耐蚀、耐磨、美观、韧性好等诸多特点。铝合金型材表面经氧化着色处理后，可得到银白色、金色、青铜色和古铜色等几种颜色，其色泽雅致、造型美观、经久耐用，具有制作简单、连接牢固等优点。铝合金型材有大方管、扁管、等边槽和等边角四种，主要适用于写字楼办公室间隔、厂房间隔和其他隔断墙体。如图 9-1-3 所示。

图 9-1-2　金属装饰板吊顶

图 9-1-3　铝合金隔墙

9.1.4　金属门窗

金属门窗是建筑工程中最常见的一种门窗形式，具有材料广泛、强度较高、刚度较好、制作容易、安装方便、维修简单、经久耐用等特点。金属门窗的种类包括铝合金门、铝合金窗、钢门窗、涂色镀锌钢板门窗等。如图 9-1-4 所示。

9.1.5 金属饰面板

金属饰面板在装饰时采用的是一些轻金属，如将铝、铝合金、不锈钢、铜等制成薄板，或在薄钢板的表面进行搪瓷、烤漆、喷漆、镀锌、覆盖塑料等处理做成的墙面饰面板。

金属饰面板的形状可以是平板，也可以制成凹凸花纹，以增加板的刚度并方便施工。金属饰面板可以用螺栓直接固定在结构层上，也可以用锚固件进行悬挂。

金属饰面板具有自重轻、安装方便、耐候性好的特点，更突出的是可以使建筑物的外观色彩鲜艳、线条清晰、庄重典雅，这种独特的装饰效果受到建筑设

图 9-1-4 金属门窗

计师的青睐。在装饰工程上，常见的金属饰面板有铝合金墙体饰面板、彩色图层钢饰面板和彩色压型钢饰面板。如图 9-1-5 所示。

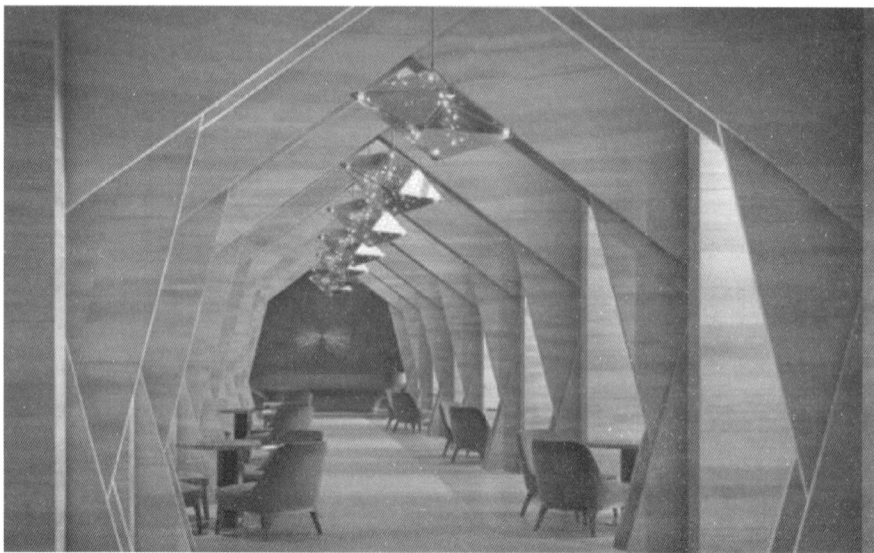

图 9-1-5 金属饰面板

9.1.6 金属收口条

金属收口条也称金属收边条，按照应用类型不同可以分为：吊顶收口条、瓷砖收口条（踢脚线）以及家具收口条。

金属收口条既能起到美观、装饰的作用，还具有收口、封边的作用。金属收口条的材质主要包括：钨金收口条、钛合金收口条、铝合金收口条以及不锈钢收口条等。如图 9-1-6 所示。

9.1.7　家具五金配件

家具五金配件泛指家具生产、家具使用中需要用到的部件，如沙发脚、升降器、靠背架、弹簧、枪钉等，起连接、紧固、装饰等功能的金属制件。

家具五金配件按照材料可以分为：锌合金、铝合金、铁、塑胶、不锈钢、PVC、ABS塑料、铜、尼龙等。按照作用可分为：结构型家具五金配件，如玻璃茶几的金属架构，洽谈圆桌的金属腿等；功能型家具五金配件，如骑马抽、铰链、三合一连接件、滑轨、层板托等；装饰型家具五金配件，如铝封边、五金挂件、五金拉手等。按照适用范围可分为：板式家具五金配件、实木家具五金配件、五金家具五金配件、办公家具五金配件、卫浴五金配件、橱柜家具五金配件、衣柜五金配件等。如图 9-1-7 所示。

图 9-1-6　金属收口条

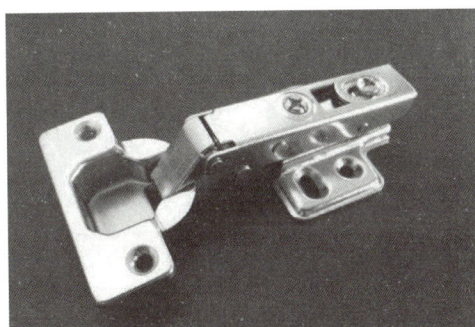

图 9-1-7　家具五金配件

📖 课程思政案例

案例名称	门窗五金配件介绍
案例意义	通过学习门窗五金配件知识，重点学点智能门锁五金配件知识，了解更多新材料
案例描述	随着社会科技发展水平不断提高，门窗产品也不断升级。不同空间中门锁的五金配件各有差异。案例主要介绍智能电子锁系列、酒店用锁系列、锌合大门锁系列等产品，有助于对各类门窗五金构配件的了解
案例实施	扫码观看案例 9-1-3 门窗五金配件 介绍

📖 学生任务单

项目名称		金属构配件的材料认知	
学生姓名		班级学号	
课前任务			
自学阐述			
理论认知	重点内容		
	难点标注		
技能实训	基本信息	金属构配件市场调研	
	实训任务	学生能够了解和熟悉金属构配件的名称、分类和用途	
	准备工作	1.邀请金属构配件的企业专家; 2.企业专家开办讲座,并且携带不同种类的金属构配件样品; 3.确定讲座会场场地	
	实训要求	1.以小组为单位开展工作; 2.学生安静入座,讲座期间不可大声喧哗,保证会场秩序; 3.在讲座前,学生应该了解该企业的基本情况,在讲座期间做好拍照、摄像、笔记等记录工作	
课后反思	不足之处		
	思政领悟		
	教师评价		
	导师评价		

注:评分标准及评分表详见附录。

任务 9.2　技术性能

📋【课前导入】

上节课我们已经学习了金属构配件的定义，并且详细了解了最常见金属构配件的应用类别，丰富多彩的金属构配件构成了我们建筑装饰材料的重要组成部分，之所以选用金属构配件而非其他建筑材料，是由于金属构配件所特定的技术性能所决定的，接下来我们就一起学习金属构配件的物理性能、工艺性能以及装饰性能。

📝【建议学时】1 学时

🔳【教学目标】

知识目标	1. 了解金属构配件的物理性能； 2. 熟悉金属构配件的工艺性能； 3. 掌握金属构配件的装饰性能
能力目标	1. 通过观察、触摸等实验操作认知金属构配件的物理性能与工艺性能； 2. 从审美角度评价金属构配件的装饰性能
素养目标	1. 通过观察、触摸等实验操作，培养学生精益求精的精神； 2. 培养审美意识
思政元素	发扬求真务实的工匠精神，明白"失之毫厘，差之千里"的道理

📖 知识与技能

9.2.1 金属构配件的物理性能

应用于建筑装饰的金属材料，最常用的材料就是铝合金，现在就来看一下铝合金的物理性能。

1. 密度小

铝合金的密度接近 $2.7g/cm^3$，约为铁或铜的 1/3。

2. 强度高

铝合金的强度高，经过一定程度的冷加工可强化基体强度，部分牌号的铝合金还可以通过热处理进行强化。

3. 导电导热性好

铝合金的导电导热性能仅次于银、铜和金。

4. 耐蚀性好

铝的表面易自然生成一层致密牢固的 Al_2O_3 保护膜，能很好地保护基体不受腐蚀。通过人工阳极氧化和着色，可获得良好铸造性能的铸造铝合金或加工塑性好的变形铝合金。

5. 易加工

添加一定的合金元素后，可获得良好铸造性能的铸造铝合金或加工塑性好的变形铝合金。如图 9-2-1 所示。

图 9-2-1　铝合金型材

9.2.2 金属构配件的工艺性能

金属构配件在建筑装饰中包括钢材、铝材以及对应的复合金属构配件，由于金属质地坚硬、强度大，可用作支撑骨架，例如轻钢龙骨等。铝合金等材料的质量轻、表面有光泽、装饰效果强，可用作饰面装饰，例如铝合金饰面板、铝合金幕墙等。

安装金属构配件的工艺通常比较简单，例如在铝合金墙板安装施工过程中，首先要准备铝合金板和骨架等材料，骨架的横、竖杆均通过连接件与结构固定。其次要准备施工工具有小型机具和手工工具：小型机具有型材切割机、电锤、电钻、风动拉铆枪、射钉枪等；手工工具有锤子、扳手、螺丝刀等。铝合金墙板安装的施工工艺流程为：骨架位置弹线→固定骨架连接件→固定骨架→安装铝合金板→细部处理。

金属构配件的主要功能为：装饰功能、固定功能、防风保温（门窗）功能。如图 9-2-2 所示。

图 9-2-2　铝合金门窗构造

9.2.3 金属构配件的装饰性能

从古至今,金属材料在建筑上的应用具有悠久的历史。在现代建筑中,金属材料品种繁多,尤其是钢、铁、铝、铜及其合金材料,由于其具有耐久、轻盈、精美、高雅等特征。因此被广泛地采用在建筑装饰中, 如柱子外包不锈钢板或铜板、墙面和顶棚镶贴铝合金板、楼梯扶手采用不锈钢管或铜管、隔墙和幕墙采用不锈钢板等。

以各种金属作为建筑装饰材料,有着源远流长的历史,如北京颐和园中的铜亭、山东泰山顶上的钢殿、云南昆明的金殿、西藏布达拉宫金碧辉煌的装饰等,这些金属材料极大地赋予了古建筑的艺术魅力。在现代建筑中,金属制品以其流光溢彩的色泽以及坚固的结构越来越受到人们的青睐,进入了越来越多的家居生活中。

优美的装饰艺术效果,离不开材料的色彩、光泽、质感等和谐运用,不仅可以在装饰技术上下功夫外,还可在材料材性上加以研究。如,在普通钢材基体中添加多种元素或在基体表面上进行艺术处理,可使普通钢材仍不失为一种金属感强、美观大方的装饰材料。金属材料作为一种广泛应用的装饰材料具有永久的生命力。

📖 课程思政案例

案例名称	铝扣板材料介绍
案例意义	通过学习铝扣板金属材料培养学生求真务实的学习态度,培养学生认真、细心、严谨、细致的工作态度
案例描述	铝扣板是一种常见金属饰面板材料,由于铝扣板使用全金属打造,所以在使用寿命和环保能力上,更优于 PVC 材料和塑钢材料。铝扣板对室内外空间中的顶面、墙面均有很好的保护作用与美化装饰作用
案例实施	扫码观看案例 9-2-2 铝扣板材料介绍

项目名称		金属构配件的技术性能	
学生姓名		班级学号	
课前任务			
自学阐述			
理论认知	重点内容		
	难点标注		
技能实训	基本信息	测评金属构配件的技术性能	
	实训任务	通过实验检测，学生可以对金属构配件的物理性能与工艺性能有一个更加深刻的认识	
	准备工作	1. 准备铝合金、不锈钢等金属构配件样品； 2. 学生应佩戴口罩、手套等防护措施	
	实训要求	1. 以小组为单位开展工作； 2. 学生在观察、敲打金属构配件时应该注意防止划伤； 3. 学生要做好观察和实验记录	
课后反思	不足之处		
	思政领悟		
	教师评价		
	导师评价		

注：评分标准及评分表详见附录。

【课前导入】

在将金属构配件应用到室内外建筑装饰工程时，需要选用最佳的规格、类别以及样式，即要遵循一定的选用原则，接下来我们就一起来了解学习在选用金属构配件时需要遵循的适用性原则、耐久性原则以及装饰性原则的具体含义。

【建议学时】2 学时

【教学目标】

知识目标	1.了解金属构配件的适用性原则的含义； 2.熟悉金属构配件的耐久性原则的含义； 3.掌握金属构配件的装饰性原则的含义
能力目标	综合运用适用性原则、耐久性原则以及装饰性原则，选用最佳的金属构配件
素养目标	1.通过运用适用性和耐久性原则，树立务实思想； 2.通过运用装饰性原则，培养审美意识
思政元素	发扬坚韧不拔的工匠精神，培养细致用心的劳动素养

9.3.1　适用性原则

金属构配件在建筑装饰中的应用主要包括三种类型：（1）建筑装饰用钢材及其制品。钢材硬度大，一般用作骨架，主要包括不锈钢、彩色不锈钢、彩色涂层钢板、建筑用压型钢板以及轻钢龙骨；（2）建筑用铝和铝合金制品。铝材质地轻、光泽好，一般用作饰面材料，主要包括铝合金门窗、铝合金饰面板等，根据表面处理方式的不同，其性能也存在一定的差异性；（3）铜及铜合金。铜材具有金色感，常替代稀有的、价值昂贵的金在建筑装饰中作为点缀使用，一般用于家具配件等。因此，不同的建筑定位和用途，应该按照适用性原则，选用不同的金属构配件的类型。

9-3-1
铝扣板材料
展示

9.3.2　耐久性原则

金属构配件从生产到安装都需要耗费一定的人工和材料，因此在选用金属构配件时，需要充分考虑耐久性原则，选择质量高的金属构配件产品。除此之外，由于金属构配件都是定制安装，所以在选用材料时，应该要多次勘测现场尺寸和情况，确定选用材料的规格和颜色。在安装之前，需要严格按照金属构配件安装工艺的标准，确保安装完成的效果和质量，避免出现返工、返修的情况。

9.3.3　装饰性原则

金属构配件作为一种装饰材料，在建筑装饰和室内装饰中起到了重要作用，在确定选用的金属构配件的材质时，要充分考虑选用材质的色彩、纹理等特性，满足业主的审美需求以及建筑定位，选择合适的规格、造型、色彩、表面处理形式。例如，在用不锈钢金属条做吊顶收口条时，因为吊顶是白色，则应使用黑色或者香槟金等深色系的不锈钢收口条，起到突出效果的作用；在选用钛镁合金门窗时，尽量与室内其他的饰面效果有所呼应，整个空间的颜色不宜过多，从而实现"少即是多"的现代简约效果。

📖 课程思政案例

案例名称	门窗五金配件选购方法
案例意义	通过认识金属构配件挑选方法，了解金属的特性，挖掘具有精工品质内涵的工匠精神
案例描述	挑选性能好的五金构配件，主要看产品外观是否有缺陷，电镀光泽如何，手感是否光滑等。例如，应挑选密封性能好的合页、滑轨、锁具等；挑选转动灵活、均匀、无噪声、闭合性好的五金构配件
案例实施	扫码观看案例 9-3-2 门窗五金配件 选购方法

学生任务单

项目名称	金属构配件的选用原则		
学生姓名		班级学号	
课前任务			
自学阐述			
理论认知	重点内容		
	难点标注		
技能实训	基本信息		
	实训任务	1. 能够准确分析业主需求、建筑定位以及室内装饰风格； 2. 能够综合运用适用性原则、耐久性原则以及装饰性原则选用金属构配件	
	准备工作	询问业主需求，明确装饰风格，确定建材市场的金属构配件商家	
	实训要求	在建材市场选用金属配件时，不得喧哗吵闹，保持安静，并且做好选用记录和选材心得	
课后反思	不足之处		
	思政领悟		
	教师评价		
	导师评价		

注：评分标准及评分表详见附录。

任务 9.4　搭 配 技 巧

【课前导入】

选用金属构配件不仅需要遵循适用性原则、耐久性原则以及装饰性原则，还要有一定的搭配技巧，这样才能呈现出最佳的装饰效果。

【建议学时】2 学时

【教学目标】

知识目标	1. 熟悉室外金属幕墙的搭配技巧； 2. 掌握室内金属饰面板的搭配技巧
能力目标	1. 根据业主需求和建筑定位，设计室外金属幕墙的搭配方案； 2. 根据业主需求与室内装饰风格，设计室内金属饰面板方案
素养目标	1. 通过设计室内外金属构配件搭配方案，提升审美水平； 2. 在设计方案时，不仅考虑美观性，还要考虑适用性与实用性，培养学生的务实思想
思政元素	发扬辛勤劳作、兢兢业业的大国工匠精神

知识与技能

9.4.1. 室外金属幕墙的搭配技巧

1. 色彩搭配技巧

无论是铝合金幕墙还是彩钢板幕墙，均能产生丰富多彩的颜色，不同的色系营造出的建筑氛围也各有千秋。

2. 表面处理搭配技巧

金属幕墙的表面处理可以进行拉丝、镜面、穿孔等不同手法，通过表面处理的微妙变化实现预想的效果。如图 9-4-1 所示。

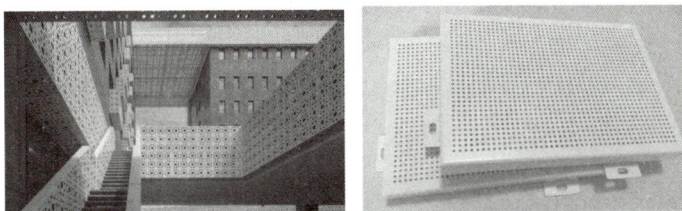

图 9-4-1　穿孔铝合金幕墙

3. 造型搭配技巧

不同的建筑风格会有不同的独特造型元素作为点缀，如欧式建筑常见的飞天浮雕、中式建筑常用的吉祥纹案、现代建筑特有的英朗造型等，不同的风格均需要特有元素加以丰富才能显得饱满而纯正。通过将金属幕墙加工成为不同的造型元素，能成为建筑物的画龙点睛之笔。如图 9-4-2 所示。

图 9-4-2　铝合金幕墙纹理元素

4. 结构搭配技巧

金属幕墙结构往往是隐蔽工程的一部分，很少外露，但也有一些特殊的幕墙形式，会给外立面带来不同的视觉感受。幕墙的开启形式、立柱宽度、分隔间距等均是影响外立面的重要因素，如双层幕墙的围合感、点式幕墙的通透性、新风系统的隐蔽位置等，都能影响建筑外观，在方案设计的过程中是重点考虑的对象。

9.4.2　室内金属饰面板搭配技巧

众所周知，应用于室内饰面板的材质有多种类型，包括木质、石材、金属等，每一种饰面板都因为材质不同而呈现出不同的效果和感觉。金属饰面板与石材饰面板、木质饰面板相比,其最凸显的效果是现代感与时尚感。金属饰面板与木质饰面板相比,更加清冷,更有科技感;金属饰面板与石材饰面板相比,因为金属饰面更加有光泽,且颜色相对较深,可以与其他装饰材料形成更加强烈的对比效果,更具时尚感。所以金属饰面板通常应用于艺术馆或者娱乐场所等公共建筑的室内装饰。金属饰面板的搭配技巧见下文:

1. 与室内装修整体风格搭配

金属饰面板选用和搭配与不同的室内装修环境有关,在实际搭配时应先考虑到室内整体的装修情况。

2. 与室内空间协调统一

室内装修是整体金属饰面板与整个室内空间的完整度、协调度和统一度等之间的关系。比如,搭配时可以选择和饰面板比较近的壁纸,或者是和金属饰面板相似的地板或地毯,同时还可以搭配一些与金属风格相称的软装饰品,这样整个室内空间就可以创造出一个金属感的世界,统一和谐。如图 9-4-3 所示。

图 9-4-3　不同饰面纹理的室内金属饰面板

💠 课程思政案例

案例名称	室内金属饰面板搭配效果展示
案例意义	通过学习室内金属饰面板搭配效果,引导学生学会欣赏美创造美,提高审美意识
案例描述	铝合金是非常生态环保的材料,具有极好的装饰性、防火性、防污性,常被选作为室内金属饰面材料使用。欣赏室内金属饰面板搭配效果,了解更多不同的金属饰面板材料
案例实施	扫码观看案例 9-4-2 室内金属 饰面板搭配 效果展示

学生任务单

项目名称		金属构配件的选用原则	
学生姓名		班级学号	
课前任务			
自学阐述			
理论认知	重点内容		
	难点标注		
技能实训	基本信息	金属构配件的搭配原则	
	实训任务	1. 能够准确分析业主需求、建筑定位以及室内装饰风格； 2. 能够综合运用适用性原则、耐久性原则以及装饰性原则选用金属构配件	
	准备工作	询问业主需求，明确装饰风格，确定建材市场的金属构配件品牌	
	实训要求	在建材市场选用金属构配件时，不得喧哗吵闹，保持安静，并且做好选用记录和选材心得	
课后反思	不足之处		
	思政领悟		
	教师评价		
	导师评价		

注：评分标准及评分表详见附录。

【课前导入】

通过学习本项目前 4 个任务的知识与技能，大家已经对金属构配件的基本内涵、技术性能、选用原则以及搭配技巧有了深刻的了解，这是前期设计的重要基础，设计的落地需要精益求精的施工工艺。随着人们生活水平提升以及对材料环保的需求，在建筑装饰材料领域出现了诸多新材料与新工艺，其中金属扣条就是典型的新材料之一，接下来我们就一起学习新型金属收口条的分类、用途以及施工工艺。

【建议学时】2 学时

【教学目标】

知识目标	1. 了解新型金属收口材料的分类； 2. 熟悉新型金属收口条的用途； 3. 掌握新型金属收口条的施工工艺
能力目标	1. 能够看图、看物识别收口条的名称与类别； 2. 能够现场实操不同的金属收口条的施工工艺
素养目标	1. 通过学习新型金属收口条，培养创新思维； 2. 通过现场实操不同的金属收口条的施工工艺，培养精益求精的匠心精神
思政元素	发扬减少误差、精准尺寸的精益求精工匠精神，注重培养创新思维

9.5.1 金属收口条的分类

1. 踢脚线

踢脚线可与各种款式的地板相搭配，无论是瓷砖、石材、木地板还是地毯，简约的铝合金踢脚线都可以为室内装饰增添亮色。其安装方式也十分简单，采用玻璃胶直接固定即可。

踢脚线的规格包括60mm、80mm、100mm，颜色有银白色、金色、钛金色和浅香槟等，需要与地面材质进行搭配。

还有一种新型的背挂式踢脚线，采用墙面固定件将踢脚线固定在墙面上，可与各种款式地板相搭配。如图9-5-1所示。

图 9-5-1　银白色金属踢脚线

2. 护角

护角可保护墙壁外角不易受到潮气和碰撞的损伤，非常适合应用在工厂、商场。其外观简洁精致，安装方便，只需要使用玻璃胶即可固定在墙面上。

优质护角一般会设计磨边效果。为了增加美观性，通常还会设计具有木纹纹理或者大理石纹理的金属收口条，综合了金属强度大、质地轻以及木材和大理石美观性能的优势。如图9-5-2所示。

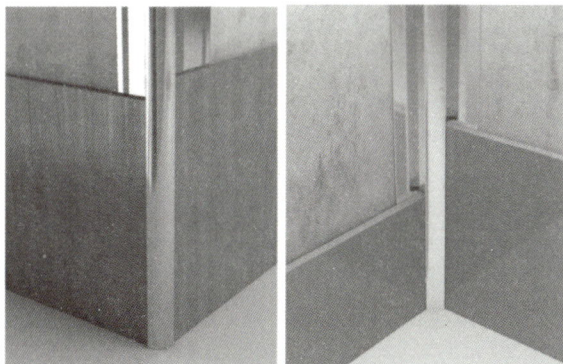

图 9-5-2　金属阳角、阴角护角条

3. 方形修边线

为了造型效果，很多瓷砖或者其他饰面并没有直接铺贴至墙面的阳角和阴角。方形修边线的作用就是为了收口，避免瓷砖的侧面直接裸露在外边，既美观又极具实用性。

4. 腰线

金属腰线条主要用于各种铺装材料的上下分隔，以金属的质感为瓷砖表面增加更丰富的层次感。材料的特性决定了设计，优质的铝合金或不锈钢腰线与陶瓷、石材或木地板相对比组成了有趣的设计元素，起到完美的装饰作用。

5. 转角件

转角件用于转角处的连接和装饰，转角件的类型包括朝内转角件、朝外转角件、水平转角件与垂直转角件。

6. 其他修边线

金属收口条用于地毯修边线或者楼梯修边线，会起到画龙点睛的装饰作用。

9.5.2　金属收口条的施工工艺

金属收口条的安装十分简单，只要用点涂的方式涂上玻璃胶，进行固定即可。施工过程中需要满足横平竖直、对正收口的切口等。收口条的安装主要是细节的把控，控制误差，这样才能达到完美的收口效果。如图 9-5-3 所示。

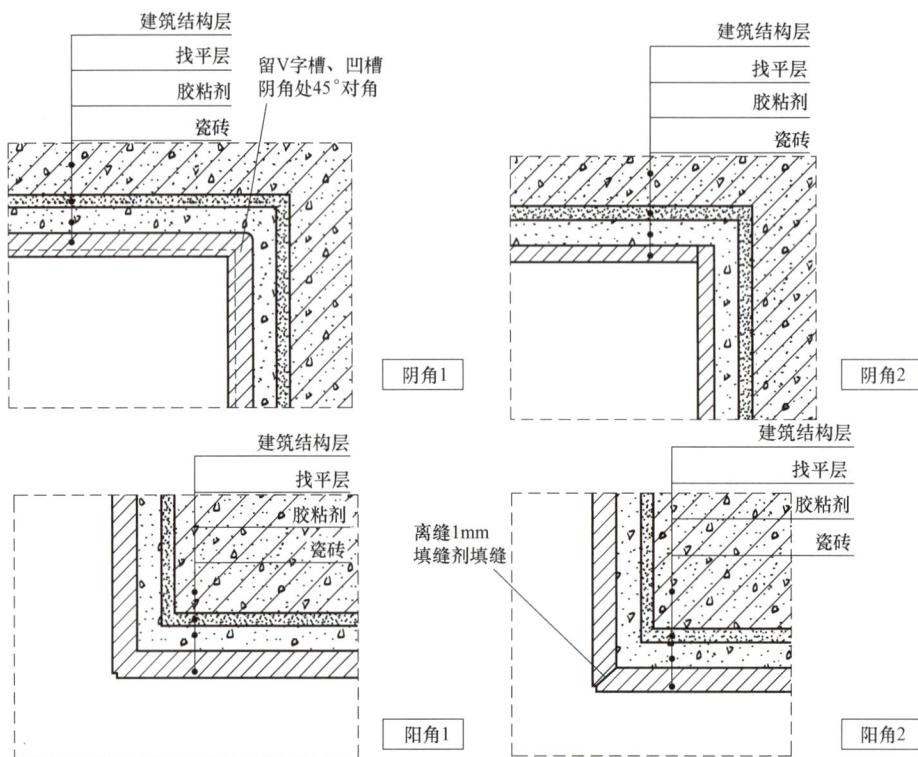

图 9-5-3　金属墙面护角安装工艺节点示意

📘 课程思政案例

案例名称	铝合金门窗五金配件选购常识及注意事项
案例意义	通过学习铝合金门窗常用五金构配件的选择知识，丰富五金配件材料的知识储备，养成勤思考、会对比的学习思维
案例描述	建筑门窗有不同的制作材料，在住宅等建筑装饰工程中，一般有聚氯乙烯（PVC）、铝合金、不锈钢、彩铜等材料，由不同材料制作的建筑门窗，其使用的铝合金门窗五金配件也不一样。这里主要介绍执手、铰链、滑撑、滑轮、半月锁、合页、密封条这几种铝合金门窗五金构配件材料
案例实施	扫码观看案例 9-5-2 铝合金门窗 五金配件选购 常识及注意事项

📖 学生任务单

项目名称		金属构配件——新材料构造的典型应用	
学生姓名		班级学号	
课前任务			
自学阐述			
理论认知	重点内容		
	难点标注		
技能实训	基本信息	新型金属收口条的安装	
	实训任务	1.了解新型金属收口条的节点构造； 2.掌握新型金属收口条的施工工艺	
	准备工作	1.准备好新型金属收口条的样品； 2.准备好可以进行金属收口条施工实训的场地	
	实训要求	1.以小组为单位开展工作； 2.在实训过程中不得喧哗，保持安静； 3.学生在实训过程中做好记录	
课后反思	不足之处		
	思政领悟		
	教师评价		
	导师评价		

注：评分标准及评分表详见附录。

项目 10
文史饰材

思维导图

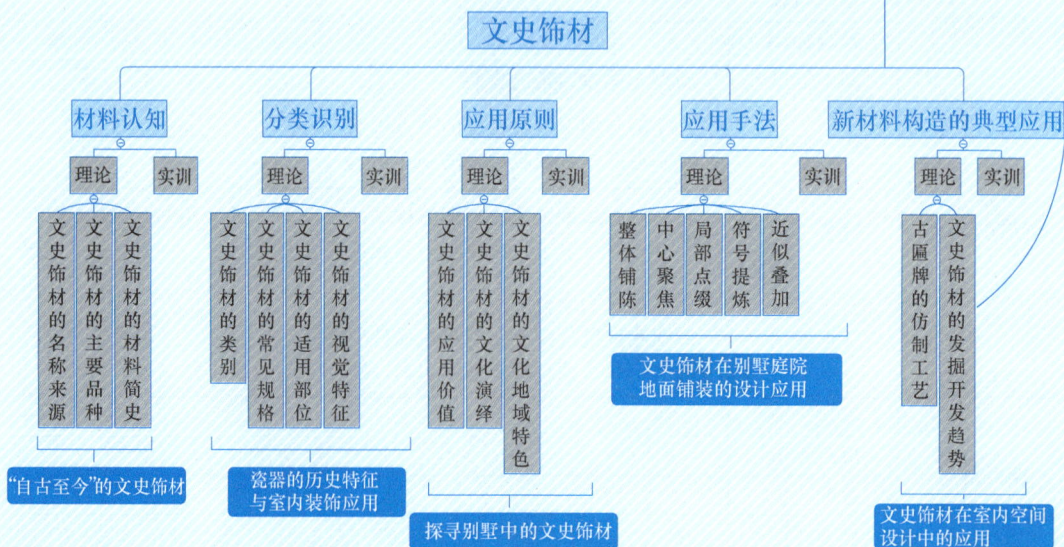

任务 10.1 材料认知

【课前导入】

　　中国国家博物馆位于北京市中心天安门广场东侧，东长安街南侧，与人民大会堂东西相对称，是历史与艺术并重，集收藏、展览、研究、考古、公共教育、文化交流于一体的综合性博物馆。接下来我们就通过欣赏中国国家博物馆内与建筑装饰有关的历史文物，来学习文史饰材的具体内涵。

10-1-1
中国国家博物馆
项目案例

【建议学时】1 学时

【教学目标】

知识目标	1. 了解文史饰材名称的主要来源； 2. 熟悉文史饰材的主要品种； 3. 掌握文史饰材的材料简史
能力目标	对文史饰材的初步认知能力
素养目标	1. 培养对文史饰材的认知水平； 2. 培养文化素养
思政元素	加强优秀人文历史的传递，坚持人居和谐可持续发展

📖 知识与技能

10.1.1 文史饰材的名称来源

现今，人们对文化、历史遗留物品的价值产生了新的认识，使得无论是国内还是国外的建筑和装饰设计出现了一股"复古热"和"古典风"。在我们国内建筑和装饰设计中，运用了秦砖汉瓦、宋代瓷器、明式窗棂、明清家具、中世纪壁画等具有历史文化风貌的物件作为特种装饰材料加以运用，从而营造出具有历史文化和民族文化风采的建筑装饰样式。我们将这样的建筑装饰材料命名为"文史饰材"。

10.1.2 文史饰材的主要品种

"文史饰材"是一个简化的名词，它完整的定义是：具有文化历史内涵的建筑和建筑装饰材料。这种特殊的建筑装饰材料具有非常鲜明的历史文化符号特征。

普通建筑装饰材料通常以材质的性质来分类命名，如石材包括大理石、花岗石等；木材包括各类原木、人造木材、木材产品等；陶瓷包括陶片、瓷片等。文史饰材是一种经过前人加工过甚至是使用过的成品，其中凝聚了前人的智慧，虽然这种成品的基本材料也可以分为石质、木质、陶质、瓷质等，但这只是说明了这种"文史饰材"本身的材质属性，而不是它最根本、最重要的属性，地域感、历史感、文化感才是其真正的价值所在。

10.1.3 文史饰材的材料简史

"文史饰材"这个新概念第一次出现是在 2008 年第 5 期的《华中建筑》上，《具有文化内涵和艺术灵性的"文史饰材"研究》这篇论文首次提出了这个建筑材料领域中的新概念。

实际上早在 20 世纪 90 年代就陆续出现"文史饰材"设计，目前这种设计手段越来越多样，作品也越来越成熟。获得普利兹克建筑奖的王澍其代表作——乌镇互联网国际会展中心的建筑表皮材料几乎都选用了文史饰材。

🏛 课程思政案例

案例名称	"自古至今"的文史饰材
案例意义	中国的装饰材料从古代发展到现代社会，经历了几千年的更迭与进步，"自古至今"文史饰材向我们缓缓走来，让学生了解和认识建筑装饰材料背后是我国深厚的艺术文化与历史内涵
案例描述	在我们国内建筑和装饰设计中，运用了秦砖汉瓦、宋代瓷器、明式窗棂、明清家具、中世纪壁画等具有历史文化风貌的物件作为特种装饰材料加以运用，从而营造出具有历史文化和民族文化风采的建筑和装饰样式。我们将这样的建筑和装饰材料命名为"文史饰材"
案例实施	扫码观看案例

学生任务单

项目名称		文史饰材的材料认知	
学生姓名		班级学号	
课前任务			
自学阐述			
理论认知	重点内容		
	难点标注		
技能实训	基本信息	文史饰材市场调研	
	实训任务	学生能够熟悉和了解文史饰材的名称、起源和文化底蕴	
	准备工作	1. 邀请文史饰材的专家； 2. 文史饰材专家开办讲座； 3. 确定讲座会场场地	
	实训要求	1. 以小组为单位开展工作； 2. 学生安静入座，讲座期间不可大声喧哗，保证会场秩序； 3. 在讲座期间做好拍照、摄像、笔记等记录工作	
课后反思	不足之处		
	思政领悟		
	教师评价		
	导师评价		

注：评分标准及评分表详见附录。

【课前导入】

上节课我们已经学习了文史饰材的基本含义，并且详细了解了文史饰材的名称来源、主要品种以及历史简史。接下来我们具体来学习文史饰材的分类识别，体会其中的历史与文化底蕴。

【建议学时】1 学时

【教学目标】

知识目标	1. 了解文史饰材的主要分类； 2. 熟悉文史饰材的常见规格； 3. 了解文史饰材的适用部位； 4. 掌握文史饰材的视觉特征
能力目标	通过观察等操作认知文史饰材的各项性能
素养目标	1. 通过将抽象的文史饰材定义转化为具象的建材分类，培养学生的逻辑思维； 2. 通过掌握文史饰材的视觉特征，培养学生的审美素养
思政元素	深入了解文史遗迹，加强保护历史文物、历史建筑的观念培养

10.2.1　文史饰材的类别

1. 以真假分类

（1）真迹

真正的文史饰材是历史遗存，是不同年代的先人遗留下来的历史真迹，稀缺、高价值是其特点，它的价值主要体现在文物价值的评定上。真迹的使用有严格的限制，尤其是那些具有高考古学价值的真迹，是不能够随便作为装饰材料使用的。只有在遇到重大的建筑装饰项目或者是为了复原重大的历史建筑项目时，经过文物主管部门批准，并严格按照相关法规的要求才能使用。

（2）仿作

仿作是利用现代材料仿照具有文化价值的物件做成的具有文史饰材效果的装饰作品。仿作的文史饰材是装饰材料的主流，它虽然没有文物价值，但它的价值如艺术价值和文化价值仍然是相当突出的，尤其是一些仿制品工艺水平很高，相当逼真，甚至以假乱真地再现原品风貌，其价格当然是大大低于原作。

2. 以品种分类

（1）建筑构件类

文史饰材中建筑构件的品类非常多，尤其是中国古建筑中的砖、瓦、梁、柱、门、窗、隔断、扶手、栏杆、台阶、楼梯、斗栱、雀替、额枋、勾栏、抱鼓、户对等，这些构件本身具有独立的文化意义和造型价值。如图 10-2-1 所示。

图 10-2-1　文史饰材——构件类

（2）陈设类

文史饰材中陈设的品类也很多，如古家具、摆设品、日用器皿、织物、盆景植物。这些东西形态有大有小，价值也有高有低，但它们是建筑装饰设计中营造艺术氛围时不可缺少的设计元素。用它们做现代室内外装饰或陈设，能够使文化品位和设计品位瞬间提升。如图 10-2-2 所示。

图 10-2-2　文史饰材——陈设类

（3）艺术品类

艺术品是文史饰材中的一个主要门类，如各类书画、雕刻、工艺美术品、民间艺术品、旧海报等，种类繁多，个性各异，具有鲜明的主题、完整的地域文化历史信息和特殊的艺术价值。若将它们与现代建筑室内外装饰结合起来，可以有效提升空间质量和环境品位，是极有文化意味的设计介质和具有特殊价值的装饰材料。如图 10-2-3 所示。

图 10-2-3　文史饰材——艺术品类

（4）遗迹碎片类

前文三类文史饰材一般都是完整的成品或部件，而由于各种原因，许多成品被损坏了，成为遗迹的碎片，但在这些碎片中依然流露着特殊的文化历史信息和艺术价值，可以作为一种特殊的文脉符号和艺术元素加以应用。如图 10-2-4 所示。

图 10-2-4　文史饰材——遗迹碎片类

（5）乡土材料类

多少年来中国传统民居使用的都是具有自己独特性能和面貌的建筑材料。这些材料经过漫长时间的洗礼和风化，呈现出与民居新建时完全不同的外观。这种带有明显的时间印记、残缺不全的材料面貌，恰恰能够反映传统地域色彩的特质。这种材料可以适度地用在现代建筑的内外表皮，以体现建筑的特殊风格和特殊效果。如图 10-2-5所示。

图 10-2-5　文史饰材——乡土材料类

（6）工业遗产类

工业遗产类包括具有历史、技术、社会、建筑或科学价值的工业文化遗迹，如厂房、作坊、矿场、加工提炼遗址、仓库、货栈、车间、交通运输及其基础设施，以及用于居住、宗教崇拜或教育等与工业相关的社会活动场所等。

工业遗产具有重要的历史价值，保护工业遗产就是保持人类文化的传承，培植社会文化的根基，维护文化的多样性和创造性，促进社会不断向前发展。工业遗产是人类所创造并需要长久保存和广泛交流的文明成果，是人类文化遗产中与其他内容相比毫不逊色的组成部分。忽视或者丢弃这宝贵遗产，就抹去了城市一部分最重要的记忆，使城市出现历史空白。如图 10-2-6 所示。

图 10-2-6 文史饰材——工业遗产类

（7）原始自然物类

原始自然物类包括山、河、湖、海，沙、石、泥、土，树、木、竹、藤等具有视觉审美价值的自然万物，可以直接用来做建筑室内外表皮及空间装饰品。这些自然存在的物质表现出生命、意志、情感、灵性和奇特能力，具有特殊的美感，同时还隐隐约约地包含了人对自然的尊重和敬畏，是人与自然本来就存在着的种种密切关系的反映。如图 10-2-7 所示。

图 10-2-7 文史饰材——自然物类

10.2.2 文史饰材的常见规格

文史饰材的规格与一般的装饰材料有明显的区别，具体体现在形态及计量单位的不同。

1. 形态

文史饰材的形态主要有三种：成品、成品的部件或构件以及成品的碎片。

2. 计量单位

文史饰材以"个""道""件""扇""幅"等为主要计量单位。它可以是一扇花格窗，也可以是一道门；可以是一具青铜器，也可以是一个官窑花瓶。总之它是一种相对个体的物件。

而普通装饰材料的形态是以物化的单位形态来识别，以"片""张""只""打""包"等为主要计量单位。规格化产品是工业化生产的基本特点。

10.2.3　文史饰材的适用部位

鉴于文史饰材的上述特性，普通级文史饰材的价值也要远远高于一般的装饰材料。因此，文史饰材一般用于空间最主要的部位，如外立面、门面、形象面、主立面、重要的室内背景等。

10.2.4　文史饰材的视觉特征

文史饰材的视觉特征在于其强烈的符号特征，这主要体现在以下几个方面：

1. 历史特征

文史饰材具有明确的历史性。历朝历代的文化历史遗存都带有明确的历史印记。中国特色的建筑类"文史饰材"，各个历史朝代的视觉特征都很鲜明，例如《营造法则》对建筑的材料、形态、构造、工艺都做出了明确的规定，提到的宋式格子门有"四斜球纹格眼"和"四直方格眼"等数种，实物可见的有斜方格眼、龟背纹、十字纹等不下数十种。

2. 艺术特性

文史饰材具有强烈的艺术性。在长期的历史文化积累中，无数文人巧匠创造出了浩如烟海的艺术品，能经过滚滚历史洪流的冲刷保留下来的都是精品、极品，具有极高的艺术价值。若能够得到现代设计师欣赏并加以应用的，更是其中艺术价值很高同时又能引起现代人情感共鸣的作品，它们的艺术性毋庸置疑。

3. 地域特性

文史饰材具有鲜明的地域性。人们对这种地域性的认知是基于长期以来教育、文化的积累和经历、阅历的熏染逐渐形成的，每个民族、每个地域都有自己鲜明的文化代码和形象特征。人们长期在不同文化的耳濡目染下建立了一种固定的印象，看到用"朱金木雕""泥金彩漆"工艺制作的家具就知道出自浙东地区；看到"小桥流水""白墙黛瓦"马上就会将其与江南建筑相对应；看到"深宫大院""琉璃红墙"就会想到北方的宫廷建筑，可以看出文史饰材很容易表现出地域性。

对建筑设计而言，地域特色是一个认可度很高的设计特色，评判建筑设计的优劣、评判一个环境的吸引力，很大程度上要考量设计的地域特色，好的设计和好的环境能吸引无数人千里迢迢前来观赏和体验。世界之大，地域之广，地域特色千奇百怪，是认知度极高的视觉元素，它们可以给建筑设计师以无数的灵感。

建筑大师贝聿铭所设计的苏州博物馆是一个展示地域特性很好的案例，在这个作品中，无论是建筑外观，还是设计内圈；无论是空间营造，还是材料选择，都能让人体会到从骨子里渗透出来的民族精神和地域特色。

🔲 课程思政案例

案例名称	瓷器的历史特征与室内装饰应用
案例意义	通过学习中国的伟大发明之一"瓷器"，加强优秀传统文化的学习与传承
案例描述	瓷器作为中国最具代表性的艺术品之一，是室内装饰重要的装饰品。"家无瓷不雅"，瓷器的发展从古至今都与人们的生活息息相关，在人们的生活中有较强的实用性和观赏性
案例实施	扫码观看案例 10-2-2 瓷器的历史特征与室内装饰应用

🔲 学生任务单

项目名称		文史饰材的分类识别	
学生姓名		班级学号	
课前任务			
自学阐述			
理论认知	重点内容		
	难点标注		
技能实训	基本信息	感知文史饰材的文化底蕴	
	实训任务	通过实训考察学生可以对文史饰材的类别、规格、适用部位以及视觉特征有更加深刻的认识	
	准备工作	1. 确定参观建筑博物馆的地点； 2. 确定参观建筑博物馆的时间	
	实训要求	1. 以小组为单位开展工作； 2. 学生不得触摸文史饰材，注意保护文物； 3. 学生要做好观察和实验记录	
课后反思	不足之处		
	思政领悟		
	教师评价		
	导师评价		

注：评分标准及评分表详见附录。

任务 10.3　应 用 原 则

📖【课前导入】

　　上节课我们通过了解文史饰材的内涵，对原本相对抽象的概念有了更加深刻的认识，接下来我们将从理论走向应用，在我们建筑装饰工程中，应该运用哪些原则来应用文史饰材呢？使其既能满足空间的装饰需求，又能传递深刻的历史与文化底蕴。

✍【建议学时】2 学时

▦【教学目标】

知识目标	1. 了解文史饰材的应用价值； 2. 感受文史饰材的文化演绎； 3. 熟悉文史饰材的文化地域特色
能力目标	在理解文史饰材的应用原则的理论知识基础上，能够综合运用文史饰材的应用原则，进行建筑室内作品设计
素养目标	1. 通过感知文史饰材的应用价值，培养学生的价值观； 2. 通过感知文史饰材的文化演绎与文化地域特色，培养学生的文化素养
思政元素	树立正确的价值观，挖掘地域文化特色并运用在建筑室内空间设计

10.3.1　文史饰材的应用价值

　　文史饰材是建筑装饰材料中具有艺术灵性的一个特殊品种，也是一种品位很高、应用很广泛、很有开发前景的特种建筑和装饰材料，它在营造环境艺术的风格、增加作品的历史文化内涵和艺术价值方面具有相当独特的作用，也是一种有很高的附加值，值得大力开发、研究和推广的新型建筑装饰材料。如图 10-3-1 所示。

図 10-3-1　紫禁城

10.3.2　文史饰材的文化演绎

　　各类艺术设计具有较强的文化性，无论是家具设计还是建筑装饰设计，设计师如果没有较深厚的历史文化修养，在设计构思过程中肯定会缺少许多精彩的想象和创意，使其设计缺少文化的力量。现代生活中，不少业主本身在这方面就具有较高的素养，更需要设计师用相当的历史文化修养对作品进行精彩的文化演绎。一个有成就的设计师对历史文化符号的理解一定具有自己独到的见解，并能把文脉很好地伸展在自己的作品中，使其成为经典。

10.3.3　文史饰材的文化地域特色

　　每一个地区都有自己的特色和特有的民俗文化，有价值的建筑装饰设计应具有较强的民俗性。在设计中展现有特色的、精彩的民俗文化是成功设计师的标志之一，这样的作品特别能够引起人们内心的共鸣。越是民族的，就越是世界的；越是民族的，越是有特色，设计师要特别善于在民俗文化的海洋中采风，把其中一些特别有特色的东西发掘、提炼出来，作为设计元素和符号运用在自己的作品中，使作品具有鲜明的特色。

📖 课程思政案例

案例名称	探寻别墅中的文史饰材
案例意义	探寻具有中国文化底蕴的文史饰材元素，体会文史饰材对别墅室内设计起到的价值和影响力
案例描述	在建筑装饰设计中，文史饰材的图案纹样具有稳重、平衡、灵动、毓秀等特点，透过图案感受到一定的秩序感，流苏、圈椅、回字纹等具有中国特色的装饰元素，给整个空间带来了优雅和沉稳的气息
案例实施	扫码观看案例 10-3-2 探寻别墅中的 文史饰材

📖 学生任务单

项目名称		文史饰材的应用原则	
学生姓名		班级学号	
课前任务			
自学阐述			
理论认知	重点内容		
	难点标注		
技能实训	基本信息	文史饰材的应用原则	
	实训任务	根据业主需求，为室内装饰设计出具有中国文化底蕴的文史饰材元素，起到画龙点睛的作用	
	准备工作	1. 确定中式风格别墅室内设计项目； 2. 询问业主的设计需求； 3. 基本掌握文史饰材应用原则的理论内容	
	实训要求	1. 在勘测项目场地时不得喧哗、保持安静； 2. 必要时需要绘制设计草图	
课后反思	不足之处		
	思政领悟		
	教师评价		
	导师评价		

注：评分标准及评分表详见附录。

【课前导入】

立足应用原则的基础之上，我们将继续细化和优化研究应用手法。接下来我们一起来了解和学习具体有哪些应用手法呢？

【建议学时】2 学时

【教学目标】

知识目标	了解文史饰材在环境空间设计中的应用手法
能力目标	根据文史饰材在环境空间设计中的应用手法，进行环境空间设计
素养目标	1. 通过深层次挖掘文史饰材的文化底蕴，培养学生的文化素养； 2. 通过运用应用手法设计方案，培养学生的审美意识
思政元素	深挖历史文化底蕴、厚植中华民族的家国情怀

10.4.1　整体铺陈

　　整体铺陈就是把整体的文史饰材完整地应用于建筑和装饰空间设计的某个或某几个重要的部位。例如，巨幅壁画或多幅屏风在视觉上具有强烈的控制感和领域感。

　　首都博物馆的内景，以青铜巨钟作为文史饰材，构成了博物馆建筑内部的一侧界面，对整个博物馆的内部空间形成了强烈的控制感，给人印象深刻。

10.4.2　中心聚焦

　　中心聚焦是在建筑和装饰设计的中心或关键部位应用文史饰材，给人以强烈的视觉中心和视觉主题感受。此时，文史饰材就是空间设计的中心主题。

　　首都博物馆建筑外部的正立面，弧形的青铜巨钟镶嵌在正立面上，形成强烈的视觉张力，把参观者的目光聚集于此，凸显了具有深厚文化底蕴的文明古国——首都博物馆的建筑主题。

10.4.3　局部点缀

　　局部点缀与中心聚焦相反，所起的作用是补缺、补白、丰富空间、完整细节。任何设计都有中心和边缘、主角和陪衬、高潮和低潮，主角不可缺少，陪衬也同样不可缺少。在一些起承转合、拐弯抹角的部位，使用文史饰材作为陪衬、背景和点缀是常见的应用手法。

10.4.4　符号提炼

　　符号提炼是指将某种历史文化遗迹提炼成某种符号，使人们看到这种符号就能联想到特定的文化历史遗存。

10.4.5　近似叠加

　　把相似、近似的文史饰材叠放在一起，形成视觉感染力很强的空间及氛围。如图 10-4-1 所示。

图 10-4-1　苏州博物馆内庭以白墙为底，用石头作画

📖 课程思政案例

案例名称	文史饰材在别墅庭院地面铺装的设计应用
案例意义	通过学习文史饰材在别墅庭院地面铺装的装饰效果，加强学习中国传统文化底蕴
案例描述	我国各地资源及文化不同，各类别墅庭院文史饰材形式多样，数不胜数。在建筑室内设计中，通过运用文史饰材，营造出具有艺术底蕴的空间氛围
案例实施	扫码观看案例 10-4-2 文史饰材在别墅庭院地面铺装的设计应用

📖 学生任务单

项目名称		文史饰材的应用手法	
学生姓名		班级学号	
课前任务			
自学阐述			
理论认知	重点内容		
	难点标注		
技能实训	基本信息	文史饰材应用实训	
	实训任务	结合实训项目，能够发挥小组成员的合作精神与创新思维，设计一个文史饰材的应用方案	
	准备工作	设计环境的设定、文史饰材的收集	
	实训要求	1. 以小组形式展开实训； 2. 小组成员有明确分工； 3. 在进行实训过程中要注意遵守实训纪律	
课后反思	不足之处		
	思政领悟		
	教师评价		
	导师评价		

注：评分标准及评分表详见附录。

任务 10.5　新材料构造的典型应用

【课前导入】

通过学习本项目前 4 个任务的知识与技能，大家已经对文史饰材的基本内涵、分类识别、应用原则、应用手法有了深刻的了解，接下来我们具体来学习仿制文史饰材的制作工艺。

【建议学时】2 学时

【教学目标】

知识目标	1. 了解仿制文史饰材的制作工艺； 2. 掌握文史饰材的发掘开发趋势
能力目标	1. 能够制作仿制的文史饰材； 2. 能够论述文史饰材的发掘开发趋势
素养目标	1. 深层次地发掘文史饰材，培养学生的文化素养； 2. 通过了解仿制文史饰材的制作工艺，培养学生精益求精的匠心精神； 3. 通过掌握文史饰材的发掘开发趋势，培养学生的创新思维
思政元素	学习经典的传统制作工艺、加强优秀的传统文化传承

📖 知识与技能

由于真正的文史饰材十分珍贵，大多珍藏在博物馆或者应用于我国的著名建筑中，因此逐渐涌现出了仿制文史饰材，其颜色或者造型也可以体现出中式历史文化，简化其制作工艺，即可运用于普通室内外装饰中。

10.5.1 古匾牌的仿制工艺

1. 制作毛坯

（1）选材

选择优质的木材制作匾牌，才能经得起历史和时间的考验。一棵成材的树干中，选择其中间部分为最佳，这是因为树干顶端部分材质嫩、纹理松软、含水量大，此段木材收缩性最大；而树干根部材质太老，松眼油太多、太重，也同样不适合于制作匾牌；除此还因树干顶端和根部的大小悬殊，出材率低，易造成浪费。因此中间部分材质均匀、适中，是最好的部位。

（2）晾干、烘干

通常采用自然晾干法和烘干法。一定对所选木材进行编号，"根根分清、上下分清"。采用自然晾干法时，当被加工成所需板材后，在阴凉、通风处摆放，搁置一年，使木材在成为板材后的状态经历四季气温的自然演化，使其干湿度、柔韧性与当地的大气环境相适应。如果在时间紧或其他非正常情况下需要加工匾牌，那就必须采取烘干法，不论怎样烘干，有一点必须把握的是：待烘干木材出炉后，还需在正常环境下放置30天左右，使木材回性。

（3）制作

在加工拼接木板时，根据当初记录木片之间的关系，把同一根木材拼在一起，这样不论是木材的纹理、油质和收缩性均处在同一个范围内，木工可将木板每隔一片颠倒摆放，通过纹理的倒置，使木材自然的张力达到均衡。当匾牌木板拼接好后，进行下一道工序之前，要再搁置30天左右，以便再回性。

2. 准备案头资料

（1）照片

首先将所要仿制匾牌的表面按专业要求进行清洁，用高清晰数码照相机拍摄全景和多个局部的平视照片，切忌所拍摄的物体有倾角斜视效果，最好将照片放大到最大为好。

（2）拷贝

将仿制匾牌摆放到专用工作台上，按匾牌表面布局进行划分，依次分解成若干个局部，将拷贝纸裁成每个局部大小。考虑到匾牌表面文字和图案均呈凹凸形，为了便于工作，在搁置拷贝纸前需用铺垫材料在文字、图案周围空白处进行铺垫，之后再铺上拷贝纸，用合适的笔认真、细致地按文字书写的规律和特点进行描红处理，直到所有的文图样稿拷贝完成为止。

（3）整修

这是对于整个仿制工作而言很重要的一个环节，当拷贝样稿完成后，它只是一个雏形，要达到形神兼备，不仅需将描红稿对照原件和照片稿，仔细地观察、分析，认真地修订，最好是将原件或照片组合稿摆放到工作台正前方、工作人员视角平视效果以内去观察核对，而且还要准确地理解和领会匾牌的历史和发展制作过程等，力求达到最理想的效果。

（4）其他

当遇到个别匾牌破损严重、图文辨认十分困难的，可直接用高清晰数码照相机反复拍照，挑选效果最佳的进行放大，以匾牌左右长度 80cm 为标准，用高清晰数码复印机将照片复制成黑白稿，对照原件和利用其他辅助工具，用碳素铅笔将每个字和图案设定为一个特定的单位，以其上下、左右空间为渲染排除的对象，按文字笔切、结构特点、书写规律，逐笔、逐划进行分析排除，将文字、图案以外的地方涂染成黑色，依次直到整个匾牌的图文都呈现出来，最后放大并恢复成原匾牌的规格尺寸即可。

3. 仿制

（1）落稿

当匾牌木板制作完成后，根据原件表面布局划分形式，进行定格、画线，当所有的规格尺寸都确定后，再拿拷贝稿依照限定的范围，敷在木板上，将上边固定牢，揭起下端，铺好复写纸，用胶带将四周都封死、描线。落稿用笔时，一定要掌握线条的粗细和内外线之分，否则将直接影响下道工序。依次完成所有描红稿。

（2）雕刻

雕刻是整个匾牌制作过程中最关键的环节，当刻工面对匾牌板面时，要做到心中有数，一旦开工就必须要一气呵成，切勿刻刻停停、停停刻刻，更不能多人围刻。

（3）彩绘

匾牌雕刻工序完工后，应将匾牌放置在通风干燥处，搁置 30 天时间，使匾牌木板在雕刻成形状况下，无论是温度、湿度均与自然环境有一个再融合的过程，等到各种指标都稳定后方可彩绘。

上彩工作的开始意味着一块匾牌的仿制工作快要完成了，这时还可对局部不尽如人意的地方做一些补救，如雕工失刀等。

彩绘工首先进行打模，从整体到局部，再从局部到整体反复多次，直到细腻光洁为止，一般不能用涂模石膏作彩绘底层的填充物（通常人们讲的"打泥子"）。涂彩必须严格依照原件的形式和效果进行，严格挑选颜料，反复对比，按底漆、中漆、面漆的程序操作和施工，底漆、中漆、面漆中间都必须有一个间休期，以保证每层彩绘均干透。

10.5.2 文史饰材的发掘开发趋势

通过学习国内应用文史饰材的建筑项目案例可知，现在文史饰材的发掘开发趋势是：现代化和艺术化。

例如：首都博物馆运用青铜、青砖和木头等材料结合应用于玻璃幕墙和建筑内外立面。倾斜的青铜体破墙而出，生出文物发掘的意象；悬挑的大屋顶，无疑在影射中国传统的出檐；而干挂的砖墙，则模糊了古代城墙与现代幕墙的界线。青铜、木材、砖石等文史饰材代表北京悠久的历史，借助文史饰材获得了有历史文化内涵的现代感。

🔖 课程思政案例

案例名称	文史饰材在室内空间设计中的应用
案例意义	通过学习文史饰材在室内空间设计中的应用，培养学生坚持人居和谐的可持续发展理念
案例描述	当今社会全球化发展使得世界各国文化相互融合，在进行当代室内设计时，要充分考虑并运用文史饰材进行装饰设计，以此加深对中国优秀传统文化的理解，并在室内设计中不断创新应用
案例实施	扫码观看案例 10-5-2 文史饰材在室内空间设计中的应用

🔖 学生任务单

项目名称		文史饰材——新材料构造的典型应用	
学生姓名		班级学号	
课前任务			
自学阐述			
理论认知	重点内容		
	难点标注		
技能实训	基本信息	文史饰材——新材料构造的典型应用	
	实训任务	通过参观广西博物馆，了解文史饰材的应用	
	准备工作	1. 以小组为单位开展工作； 2. 在参观过程中不得喧哗，保持安静； 3. 学生在参观过程中做好记录	
	实训要求	1. 在实训项目场地时不得喧哗、保持安静； 2. 严格遵守广西博物馆的纪律和秩序	
课后反思	不足之处		
	思政领悟		
	教师评价		
	导师评价		

注：评分标准及评分表详见附录。

评分要素	优秀（90-100分）	良好（80-89分）	一般（70-79分）	合格（60-69分）	不合格（60分以下）
学习态度	非常积极主动。小组讨论非常频繁。在课堂讨论中表现优异	小组讨论很频繁。在课堂讨论中有良好的表现	偶尔进行小组讨论。在课堂讨论中做出了足够的贡献	很少进行小组讨论。在课堂讨论中贡献很少	无小组讨论。在课堂讨论包括信息交流活动中没有贡献
	参加所有课时并准时出席	参加所有课程。90%课时准时到课	缺席1节课。80%课时准时到课	缺席2节课。70%课时准时到课	仅有4节或更少的课准时到课。3节或以上无故缺课
小组合作	小组讨论非常积极主动、非常频繁。在课堂小组讨论及汇报中表现非常优秀。在项目实践过程中，能够通过交流分析，能够运用综合知识应用于设计项目。具备主动与他人合作的能力，达到行业标准	小组讨论积极主动。在课堂讨论及汇报中表现好。在项目实践过程中，能够通过交流分析，能够运用综合知识应用于设计项目。具备独立或主动与他人合作的能力，达到行业标准	偶尔进行小组讨论。在课堂讨论及汇报中做出了足够的贡献。在项目实践过程中，能够运用大部分综合知识应用于设计项目，表达一些建议和意见。具备独立或主动与他人合作的能力，达到行业标准	小组讨论讨论非常少。在课堂讨论及汇报中贡献很少。在项目实践过程中，能够运用部分综合知识应用于设计项目，表达较少有价值的建议和意见。具备与他人合作的能力，基本达到行业标准	没有参与小组讨论。在课堂讨论及汇报包括信息交流活动中没有贡献。在项目实践过程中，不能够通过自主分析，不能灵活地运用综合知识影响和应用于设计项目。不具备与他人合作的能力，不能达到行业标准
拓展思维	能够通过自主分析或团队研讨得出材料运用新观点、展现创新思维，灵活地运用建筑装饰材料综合知识应用于设计项目，表达有价值的建议和意见。能够总结、交流和分享个人及团队的实践项目的设计经验，并应用于自我管理学习和专业实践	能够通过自主分析或团队研讨得出材料运用新观点、较好地展现创新思维，运用建筑装饰材料综合知识应用于设计项目，表达有价值的建议和意见。能够总结个人及团队的实践项目的设计经验，并应用于自我管理学习和专业实践	能够通过团队研讨得出材料运用新观点、有展现一些创新思维，运用部分建筑装饰材料综合知识应用于设计项目，表达一些较有价值的建议和意见。能够总结个人实践项目的设计经验，并应用于自我管理学习和专业实践	能够通过团队研讨得出部分材料运用新观点、较少展现创新思维，运用部分建筑装饰材料综合知识应用于设计项目，表达一些较有价值的建议和意见。总结极少实践项目的设计经验，不能应用于自我管理学习和专业实践	不能够通过团队研讨得出材料运用新观点、没有展现创新思维，不能够运用建筑装饰材料综合知识应用于设计项目，没有表达有价值的建议和意见。没有实践项目的设计经验，不能进行自我管理学习和专业实践
思政领悟	能够深入反思和领悟学习内容和实训内容的思政元素与思政内容。能够深入反思和领悟实训操作项目或实践项目的工作内容和工作过程中的思政内涵	能够较好地进行反思和领悟学习内容和实训内容的思政元素与思政内容。能够较好地反思和领悟实训操作项目或实践项目的工作内容和工作过程中的思政内涵	能够有一些反思和领悟学习内容和实训内容的思政元素与思政内容。能够有一些反思和领悟实训操作项目或实践项目的工作内容和工作过程中的思政内涵	能够偶尔反思和领悟学习内容和实训内容的思政元素与思政内容。能够偶尔反思和领悟实训操作项目或实践项目的工作内容和工作过程中的思政内涵	不能够反思和领悟学习内容和实训内容的思政元素与思政内容。不能够反思和领悟实训操作项目或实践项目的工作内容和工作过程中的思政内涵

评分要素	优秀（90-100 分）	良好（80-89 分）	一般（70-79 分）	合格（60-69 分）	不合格（60 分以下）
实训操作	选择的材料完全符合规范及使用需要；材料选择设计方案应用策略恰当。能够以原创和创造性的方式将材料设计方法应用于设计项目	选择的材料完全符合规范及使用需要；材料选择设计方案应用策略比较恰当。大部分能够以原创和创造性的方式将材料设计方法应用于设计项目	选择的材料基本符合规范及使用需要；大部分材料选择设计方案应用策略比较恰当。基本能够以原创和创造性的方式将材料设计方法应用于设计项目	选择的材料基本符合规范及使用需要；部分材料选择设计方案应用策略不够恰当。偶尔能够以原创和创造性的方式将材料设计方法应用于设计项目	选择的材料不符合规范及使用需要；材料选择设计方案应用策略不恰当。不能够以原创和创造性的方式将材料设计方法应用于设计项目
实用技能	能够创造性地、高效地、全面地将建筑室内装饰材料应用在项目设计；能够将材料施工工艺应用于项目设计上，并且能够解决项目实际问题	能够创造性地、高效地、将建筑室内装饰材料应用在项目设计；能够将大部分材料施工工艺应用于项目设计上，并且能够解决项目实际问题	能够创造性地将建筑室内装饰材料应用在项目设计；能够将部分材料施工工艺应用于项目设计上，并且能够解决一些项目实际问题	能够将建筑室内装饰材料应用在项目设计；能够将少数材料施工工艺应用于项目设计上，并且能够解决少量项目实际问题	不能够将建筑室内装饰材料应用在项目设计；不能够将材料施工工艺应用于项目设计上，不能够解决项目实际问题

附录 2　课程学习评分表

评价内容	评价等级（5 个等级）				
	优秀 100 分	良好 85 分	一般 70 分	及格 60 分	不及格 60 分
学习态度（10%）					
小组合作（10%）					
拓展思维（10%）					
实训操作（50%）					
思政领悟（20%）					

参考文献

［1］ 符芳.建筑装饰材料 [M].南京：东南大学出版社，1994.

［2］ 沈福煦，沈鸿明.中国建筑装饰艺术文化源流 [M].武汉：湖北教育出版社，2002.

［3］ 孙竹.试析建筑装饰材料在室内设计中的创新性运用 [J].中国室内装饰装修天地，2019.

［4］ 温翌明.浅谈建筑装饰材料在室内设计中的创新性运用 [J].建筑与装饰，2019(9):1.

［5］ 杜晓峰.关于建筑装饰材料在室内设计中的创新性运用研究 [J].建材与装饰，2019(36):2.

［6］ 白晶宝.建筑装饰材料在室内设计中的创新性运用 [J].民营科技，2017(6):1.

［7］ 王芳.建筑装饰材料在室内设计中创新性应用分析 [J].门窗，2017(9):2.

［8］ 林洲.装饰材料在室内设计中的应用及环保探析 [J].建材与装饰，2017，14(471):142-143.

［9］ 肖新宇.绿色装饰材料在酒店设计中的应用研究 [J].建材与装饰：上旬，2016(12):2.

［10］ 李小能.装饰材料在室内设计中的创新应用 [J].现代装饰：理论，2017(2):1.

［11］ 蔡绍祥，成阳.材料发展与应用对建筑装饰设计影响的研究 [J].四川建筑科学研究，2014，40(5):5.

［12］ 余熙文.材料发展对建筑装饰设计影响的研究 [J].西安建筑科技大学学报 (社会科学版)，2014，33(2):64-69.

［13］ 李文涛，温佳，贾澎波.浅谈新型建筑材料及其发展状况 [J].科技信息，2010(16):1.

［14］ 中国建筑科学研究院.建筑装饰装修工程质量验收规范：GB 50210—2001[S].北京：中国建筑工业出版社，2002.